高等学校"十一五"规划教材·计算机系列

Visual FoxPro 程序设计

主　编　许善祥　高　军

副主编　刘　刚　路　阳　闫　丽

哈尔滨工业大学出版社

内容简介

本书以中文 Visual FoxPro 6.0 数据库管理系统为背景,以初学数据库的学生为读者,详细介绍关系数据库系统管理数据的基本操作方法和数据库程序设计的基础知识,重点培养学生使用数据库管理系统处理数据的能力,初步培养学生的程序设计能力。本书以开发学生最为熟悉的、与学生关系最为密切的学生成绩管理系统的开发过程为主线,并以这个学生最容易接受的实例贯穿全书,由浅入深、循序渐进地组织教材内容,旨在逐步引领学生掌握开发简单实用的数据库应用系统的基本方法和技能。

本书可作为普通高等学校和高等职业技术学院非计算机专业教材,也可供学习数据库管理系统的人员参考。

图书在版编目(CIP)数据

Visual FoxPro 程序设计/许善祥,高军主编. —哈尔滨:哈尔滨工业大学出版社,2009.2
高等学校"十一五"规划教材.计算机系列
ISBN 978-7-5603-2809-6

Ⅰ.V… Ⅱ.①许…②高… Ⅲ.关系数据库-数据库管理系统,Visual FoxPro-高等学校-教材 Ⅳ.TP311.138

中国版本图书馆 CIP 数据核字(2009)第 011208 号

策划编辑 王桂芝 贾学斌
责任编辑 唐 蕾
出版发行 哈尔滨工业大学出版社
社 址 哈尔滨市南岗区复华四道街 10 号 邮编 150006
传 真 0451－86414749
网 址 http://hitpress.hit.edu.cn
印 刷 肇东粮食印刷厂
开 本 787mm×1092mm 1/16 印张 15.5 字数 382 千字
版 次 2009 年 3 月第 1 版 2009 年 3 月第 1 次印刷
书 号 ISBN 978-7-5603-2809-6
定 价 30.00 元

"高等学校计算机类系列教材"编委会

序

当今社会已进入前所未有的信息时代,以计算机为基础的信息技术对科学的发展、社会的进步,乃至一个国家的现代化建设起着巨大的推进作用。可以说,计算机科学与技术已不以人的意志为转移地对其他学科的发展产生了深刻影响。需要指出的是,学科专业的发展都离不开人才的培养,而高校正是培养既有专业知识、又掌握高层次计算机科学与技术的研究型人才和应用型人才最直接、最重要的阵地。

随着计算机新技术的普及和高等教育质量工程的实施,如何提高教学质量,尤其是培养学生的计算机实际动手操作能力和应用创新能力是一个需要值得深入研究的课题。

虽然提高教学质量是一个系统工程,需要进行学科建设、专业建设、课程建设、师资队伍建设、教材建设和教学方法研究,但其中教材建设是基础,因为教材是教学的重要依据。在计算机科学与技术的教材建设方面,国内许多高校都做了卓有成效的工作,但由于我国高等教育多模式和多层次的特点,计算机科学与技术日新月异的发展,以及社会需求的多变性,教材建设已不再是一蹴而就的事情,而是一个长期的任务。正是基于这样的认识和考虑,哈尔滨工业大学出版社组织哈尔滨工业大学、东北林业大学、大庆石油学院、哈尔滨师范大学、哈尔滨商业大学等多所高校编写了这套"高等学校计算机类系列教材"。此系列教材依据教育部计算机教学指导委员会对相关课程教学的基本要求,在基本体现系统性和完整性的前提下,以必须和够用为度,避免贪大求全、包罗万象,重在**突出特色**,体现**实用性和可操作性**。

(1)在体现科学性、系统性的同时,突出实用性,以适应当前 IT 技术的发展,满足 IT 业的需求。

(2)教材内容简明扼要、通俗易懂,融入大量具有启发性的综合性应用实例,加强了实践部分。

本系列教材的编者大都是长期工作在教学第一线的优秀教师。他们具有丰富的教学经验，了解学生的基础和需要，指导过学生的实验和毕业设计，参加过计算机应用项目的开发，所编教材适应性好、实用性强。

这是一套能够反映我国计算机发展水平，并可与世界计算机发展接轨，且适合我国高等学校计算机教学需要的系列教材。因此，我们相信，这套教材会以适用于提高广大学生的计算机应用水平为特色而获得成功！

2008 年 1 月

前　言

　　随着数据库应用技术的发展,越来越多的非计算机专业学生迫切需要掌握开发数据库应用程序的方法。Visual FoxPro 6.0 是一个功能强大的数据库管理系统,它能快速简单地建立用户数据库,从而方便用户管理数据,比较适合初学者学习和使用。Visual FoxPro 不仅支持标准的结构化程序设计,而且支持面向对象的程序设计(Object-Oriented Programming, OOP)。非常适合作为非计算机专业学生数据库系统的入门教材。

　　作者结合多年讲授和开发数据库应用系统的体会,编写了本书。书中全面介绍了数据库的基本概念,表和数据库的基本操作,数据库查询,报表和标签的设计,结构化程序设计及面向对象程序设计,控件、表单、菜单的设计及类的设计方法。详细说明了使用 Visual FoxPro 6.0 进行数据库管理程序设计的一般步骤和方法。

　　本书最大的特点在于以面向对象程序设计为核心,以"学生成绩管理系统"案例为主线放置在各章节中,系统需求完整、功能全面、数据量丰富,适合于老师采用案例驱动式教学方法。

　　本书由黑龙江八一农垦大学许善祥、高军主编,哈尔滨工程大学刘刚、黑龙江八一农垦大学路阳和闫丽任副主编,参编人员包括黑龙江八一农垦大学王雪、马铁民、蔡月芹、马晓丹,以及黑龙江农垦农业职业技术学院纪玉书。

　　全书共 8 章,具体编写分工如下:第 1、8 章由高军编写,第 2 章由马晓丹编写,第 3 章由蔡月芹编写,第 4 章第 1、3、4 节由王雪编写,第 4 章第 5、6、7 节由马铁民编写,第 4 章第 2 节和第 7 章第 2 节由纪玉书编写,第 5 章由许善祥编写,第 6 章第 1、2、5 节由刘刚编写,第 6 章第 3、4 节由路阳编写,第 7 章第 1、3、4、5 节由闫丽编写。全书由许善祥和高军进行统稿。

　　由于作者水平有限,书中难免有不足和疏漏之处,敬请广大读者批评指正。

编　者

2009 年 1 月

目　录

第1章

绪 论

本章重点：Visual FoxPro 的工作界面及对两种程序设计思想的理解。
本章难点：对程序设计思想的理解。

1.1 数据库基础知识

数据对我们每一个人来说都是不陌生的，每个部门、每个单位都保管着本部门本单位的一些有用的数据或资料。例如，在企业管理中，保留着大量关于生产计划、原材料情况、设备情况和销售情况及员工的数据和资料，常常利用这些资料来指导当前生产或者为选择最佳的管理方案提供重要的根据。在学校管理中，保存大量的关于学生的数据，如学生的人事材料、学生的学习成绩记录和体格检查表及教师的相关资料等，可利用这些数据对学生的各种情况进行统计与分析。在医院管理中，保存着大量的病历，为诊断和治疗提供依据，等等。

要在计算机中管理如此庞大的数据量，必须依靠数据库技术。数据库技术产生于 20 世纪 60 年代末，是数据管理的最新技术，是计算机科学的重要分支。数据库技术是信息系统的核心和基础，它的出现极大地促进了计算机应用向各行各业的渗透，数据库的建设规模、数据库信息量的大小和使用频度已成为衡量一个国家信息化程度的重要标志。

Visual FoxPro 作为数据库系统中的一个工具，已被广泛应用于实际项目开发中，通过它，可以很方便地进行数据的管理。为了更好地掌握 Visual FoxPro 的应用，先来学习一些数据库系统的基础知识。

1.1.1 数据库基本概念

1. 数据（Data）

数据是对客观事物的符号表示，是用于表示客观事物的未经加工的原始素材，如图形符号、数字、字母、声音、图像、指纹等。在计算机中，数据是指所有能输入到计算机并被计算机处理的符号的总称。

2. 数据库（Database，简记为 DB）

数据库是指长期存储在计算机内、有组织的、可共享的、统一管理的相关数据的集合。数据库具有数据按一定的数据模型组织、描述和储存，可为各种用户共享、冗余度较小、数据独立性较高、易扩展等特点。

如创建一个 student 数据库，在该库中可以长久保存学生的基本信息、选课信息、成绩信息等各类与学生相关的大量数据。

3. 数据库管理系统(Database Management System,简记为 DBMS)

数据库管理系统是一个通用的软件系统,是数据库系统的核心。其主要功能是对数据库进行有效的管理,包括存储管理、安全性管理、完整性管理等,数据库管理系统提供一个软件环境,使用户能方便快速地建立、维护、检索、存取和处理数据库中的信息。如常用的 Visual FoxPro、Sql Server、Oracle 等都是比较流行的数据库管理系统。

4. 数据库系统(Database System,简记为 DBS)

数据库系统是指实现有组织、动态地存储大量关联数据,方便多用户访问的计算机硬件、软件和数据资源组成的系统,即它是采用数据库技术的计算机系统。数据库系统包括计算机硬件、数据库、数据库管理系统、应用软件、数据库管理员、用户等。

1.1.2 数据管理技术的发展阶段

数据是由对现实世界的抽象并信息化为信息世界中的信息,最后数据化为计算机世界中的数据。在计算机世界中,要对数据进行分类、组织、加工、存储、检索和维护等工作,称其为数据管理技术。

数据管理技术随着计算机硬件和软件的发展而不断发展,它主要围绕提高数据的独立性、降低数据的冗余度、提高数据的共享程度、提高数据的安全性和完整性等方面来进行改进。

数据管理技术的发展经历了以下几个阶段。

1. 人工管理阶段

这一阶段,计算机主要用于科学计算。从硬件看,外存只有磁带、卡片、纸带等顺序存取设备,而没有磁盘等直接存取的存储设备;从软件看,没有操作系统,没有管理数据的软件,数据处理方式是批处理。这一阶段数据管理的特点是:

(1)数据不保存。

(2)没有专用软件系统对数据进行管理,程序不仅要规定数据的逻辑结构,而且还要在程序中设计物理结构,当存储结构发生变化时,对应的程序要发生相应的变化。

(3)一组数据对应一个程序,数据是面向应用的,即使两个或多个应用涉及某些相同数据,也必须各自定义,无法互相利用,所以程序与程序之间有大量的重复数据。

在该阶段,程序和数据之间的关系如图 1.1 所示。

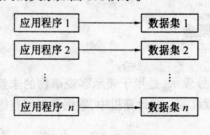

图 1.1 人工管理阶段

2. 文件系统管理阶段

在该阶段,随着操作系统的发展,出现了专门的文件管理软件,即文件管理系统,它可以实现在文件的物理结构和逻辑结构之间按存取方法(Access Method)实现转换,以便使文件的物理结构和逻辑结构可以不同,当物理结构改变时可不影响逻辑结构,从而一定程度上提高了数据的物理独立性。

这一阶段数据管理存在的缺点是：

(1)数据冗余(Redundancy)度大。因为每个文件都是为特定的应用设计的,因此就会造成同样的数据在多个文件中重复存储,浪费存储空间,并且由于相同数据的重复存储、各自管理,给数据的修改和维护带来了困难,容易造成数据的不一致性。

(2)数据和程序之间的独立性差。在这一阶段,数据的逻辑组织仍然脱离不了程序,因此一旦数据的逻辑结构发生变化,就必须修改应用程序,也就是说,这一阶段的数据缺乏逻辑独立性。

(3)数据联系弱。现实世界中的实体之间不是孤立存在的,它们之间存在着一定的联系,但在该阶段的数据文件之间体现不出这种联系。

文件系统管理阶段程序和数据之间的关系如图1.2所示。

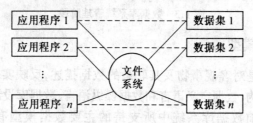

图1.2 文件系统管理阶段

3.数据库系统管理阶段

在这一阶段,计算机用于管理的规模更为庞大,应用越来越广泛,数据量急剧增长,而且数据的共享要求越来越强,共享的含义已拓展为多种应用、多种语言互相覆盖的共享数据集合。因此,要求数据必须具有很高的数据独立性。这一阶段数据管理的特点是：

(1)数据结构化。在数据库系统中,数据按照特定的数据模型进行组织,数据库中记录现实世界中的实体信息,同时记录实体间的联系。数据库系统实现整体数据的结构化,这是数据库系统和文件系统的本质区别。

(2)数据的共享程度高,数据冗余度低。因为数据不再面向特定的某个或多个应用,而是面向整个应用系统,各个不同的应用可以共享相同的数据库,因此不会造成大量数据的重复存储,数据冗余明显减少,数据共享程度也明显提高。

(3)具有较高的数据和程序独立性。数据库系统提供了两种映象功能,从而使数据具有物理独立性和逻辑独立性,数据和程序之间的独立性,可以通过操作系统的文件管理模块和数据库管理系统映射功能来实现。这样用户在编程时,不必考虑存取路径等细节,简化了程序,提高了程序设计的效率。

(4)统一的数据控制功能。由于数据库为多个用户所共享,而且共享一般是并发的,即许多用户同时使用一个数据库,因此系统必须提供数据控制功能：

① 数据的安全性控制,指保护数据以防止不合法的使用造成数据的泄密和破坏,对未经允许的用户应禁止存取数据库。一般采用口令、密码锁和授权机制等方法来实现数据库的保护。

② 数据的完整性控制,指数据的正确性、有效性与相容性。系统提供必要的功能,保证数据库中的数据在输入、修改过程中始终符合原来的定义。例如,月份是 $1\sim12$ 之间的正整数,职工的性别是男或女。

③ 并发控制技术,控制多个事务的并发运行,避免它们之间的相互干扰,保证每个事务都产生正确的结果。

④ 数据库恢复技术,用来进行系统失败后的恢复处理,确保数据库能恢复到正确状态。

数据库系统管理阶段程序与数据之间的关系如图 1.3 所示。

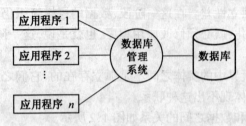

图 1.3 数据库系统管理阶段

1.1.3 常用数据模型

一般地讲,数据模型是对客观事物及其联系的数据描述,反映实体内部和实体之间的联系,它决定了数据库的结构、数据定义语言和数据操纵语言、数据库设计方法、数据库管理系统软件的设计与实现。目前数据库系统中所支持的主要数据模型有:层次模型(Hierachical Model)、网状模型(Network Model)、关系模型(Relational Model)。

1.层次模型

层次模型实际上就是树形结构,它只有最高层的节点,称为根节点(Root),除根节点外,每个节点仅与高一层的一个节点联系,称为该节点的双亲节点(Parent),任何节点可与下一层的一个或多个节点相联系,这些节点称为该节点的子女节点(Children),末端节点即没有子女的节点称为叶节点。它具有两个基本特征:

(1)有且仅有一个节点无双亲节点。

(2)除根节点外,所有节点有且仅有一个双亲节点。

2.网状模型

广义地讲,一个可以任意连通的层次模型就是一个网状模型,它具有下列特点:

(1)允许有零个或多个节点无双亲节点。

(2)允许节点有多个双亲节点,因此在描述联系时,必须同时指出双亲记录和子女记录,并且给每一种联系命名。

(3)允许两个节点之间有两种或多种联系,这种联系称为复合链。如工人和设备之间有两种联系:使用和保养。

3.关系模型

关系模型是三种数据模型中最重要的模型,关系模型是建立在严格的数学概念基础上的,将它引入到数据库系统中,并成为关系型数据库系统的基本模型。

定义:笛卡尔乘积 $D_1 \cdot D_2 \cdot \cdots \cdot D_n$ 的任意一个有限子集称为一个定义在域 $D_1, D_2, \cdots, D_n$ 上的关系,用 $R(d_1, d_2, \cdots, d_n)$ 来表示,R 为关系名,n 称为关系的元或目。

在关系模型中,将数据库数据以关系的形式组织,即数据在用户观点下的逻辑结构是一张二维表,表中的行称为元组或记录,列称为数据项、字段或属性。

例如,表 1.1 是一个保存了大量学生信息的关系。

表 1.1 学生信息表

学号	姓名	性别	出生日期	所在学院	班级	专业	是否党员
20074071101	王小艳	女	1987 – 5 – 1	信息技术学院	计 2007 – 1	计算机科学与技术	.T.
20074071102	李 明	男	1990 – 10 – 2	信息技术学院	计 2007 – 1	计算机科学与技术	.F.
20074041101	司马进	男	1989 – 1 – 18	动物科技学院	动科 2007 – 1	动物科学	.F.
20074041102	李 明	男	1988 – 6 – 24	动物科技学院	动科 2007 – 1	动物科学	.F.
20074032101	成 功	男	1989 – 11 – 1	人文科技学院	公管 2007 – 1	公共事业管理	.T.
20074032102	张立影	女	1990 – 2 – 17	人文科技学院	公管 2007 – 1	公共事业管理	.F.
20074032103	刘三喜	男	1989 – 5 – 5	人文科技学院	公管 2007 – 1	公共事业管理	.F.

1.1.4 关系数据库系统

1.基本概念

(1)属性(Attribute):二维表中的列,又称为字段。每个属性都有一个名字,称为属性名,属性在表中的取值,称为属性值。

(2)值域(Domain):属性的取值范围。

(3)关系模式(Relation Schema):即对关系的描述。一般用 $R(A_1, A_2, \cdots, A_n)$ 来表示。

对此表,我们可以使用 Student(学号,姓名,性别,出生日期,所在学院,班级,专业,是否党员)的形式来表示。

(4)候选关键字(Candidate Key):能唯一标识一个关系的元组且不含多余属性的属性集,又称为候选码或候选键。值得注意的是,一个关系可以有多个候选键。

如对 Student 关系,唯一候选键为"学号",但假如学生姓名是两两不同的,则"姓名"也可作为候选键。

再如对 Score(学号,课程号,成绩)关系,唯一候选键为(学号、课程号)构成的属性集合。

由此,可以得出候选键的性质。

① 唯一性:它必须能唯一地标识关系中的所有元组。

② 最小性:即候选键不包含多余属性。

但要注意,对一个关系,候选键并不一定是唯一的。如在 Student 关系中,假设学生姓名是两两不同的,则姓名也可以作为候选键。

(5)主键:一个关系中可能有多个候选键,则从其中选择一个作为该关系的主键。

(6)外部关键字:如果一个属性不是所在关系的关键字,但却是其他关系的关键字,则称为外部关键字或外键。

例如,对以下两个关系:

Student(学号,姓名,性别,出生日期,所在学院,班级,专业,是否党员)

Score(学号,课程号,成绩)

在 Score 关系中,"学号"字段不是主键,但在 Student 关系中却是主键,所以说"学号"是 Score 关系关于 Student 关系的外键。

要特别注意:外键是两个表连接的纽带,也就是说,两个表连接时,连接条件应该是主键表中的主键值等于外键表中的外键值。否则连接结果就可能是错误的。

如对上面的 Student 表和 Score 表连接时,必须使用"Student.学号 = Score.学号"作为连接条件,否则就会产生张冠李戴的现象。

2.关系的性质

在关系数据库系统中,关系具有如下性质:

(1)每一列中的分量是同一类型的数据,它们来自同一个域。

(2)列的顺序无所谓,即列的次序可以任意交换。

(3)行的顺序无所谓,即行的次序可以任意交换。

(4)任意两个元组不能全同。

(5)每一分量必须是一个不可再分的数据项。

3.关系运算

关系数据库系统中,关系支持很多运算,如并、交、差、广义笛卡尔积、选择、投影、连接和商等。在学习 Visual FoxPro 时,应重点理解选择、投影、连接三种基本关系运算。

选择是从二维表中选出符合条件的记录,它是从行的角度对关系进行的运算。如从表1.1 所示的学生信息表中查询所有男生信息时,就是只选择出部分行操作,因此应该使用选择运算。

投影是从二维表中选出所需要的列,它是从列的角度对关系进行的运算。如从表 1.1 所示的学生信息表中查询所有学生的学号、姓名、专业时,就是只选择出部分列操作,因此应该使用投影运算。

连接是同时涉及两个二维表的运算,它是将两个关系在给定的属性上满足给定条件的记录连接起来而得到的一个新的关系。如从表 1.2、表 1.3、表 1.4 中查询所有学生的基本信息及选课信息时,要同时从 Student 表和 Grade 表中获取所需要的数据,因此必须使用连接运算。

当然,这三种运算并不总是独立使用,同时使用它们可以实现混合查询。如要查询所有信息技术学院的学生的学号、姓名、性别、所选修课程的课程名及成绩等信息时,就同时使用这三种运算。

1.1.5 案例:成绩管理系统数据库建模分析

在软件开发前,首先要对系统功能及要求进行需求分析,再根据需求分析结果创建概念数据库模型,并用一定的方式表示出来。表示概念模型有很多方法,如 E - R 图,在此不作介绍,有兴趣的同学可以自己查阅一下相关资料。

但要注意一点,在进行数据库建模时,不管用什么方法去描述,一定要准确地描述出该系统所涉及的所有实体及它们之间的联系。

在这儿,仅画出本教材的实例"学生成绩管理系统"数据库的 E - R 图,如图 1.4 所示。在该系统中,为简便起见,只涉及三个表,它们分别是:

Student 表:用来描述学生实体集,表中字段及其说明见表 1.2。

Course 表:用来描述课程实体集,表中字段及其说明见表 1.3。

Grade 表:用来描述学生与课程间的联系,表中字段及其说明见表 1.4。

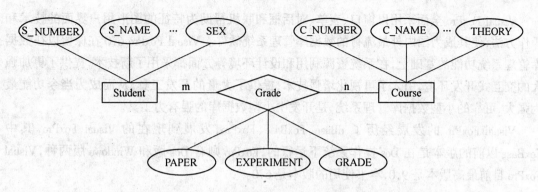

图1.4 "学生成绩管理系统"数据库的 E – R 图

表 1.2 Student 表中各字段说明

字段名	字段含义	字段名	字段含义
S _ NUMBER	学号	CLASSNAME	班级
S _ NAME	姓名	SPECIALITY	专业
SEX	性别	ISPARTY	是否党员
BIRTHDAY	出生日期	REWARD	奖惩
DEPARTMENT	所在院系	PHOTO	照片

表 1.3 Course 表中各字段说明

字段名	字段含义	字段名	字段含义
C _ NUMBER	课程编号	PERIOD	总学时
C _ NAME	课程名称	TERM	开课学期
CREDIT	学分	THEPERCENT	理论成绩百分比
THEORY	理论学时	EXPPERCENT	实验成绩百分比
EXPERIMENT	实验学时		

表 1.4 Grade 表中各字段说明

字段名	字段含义	字段名	字段含义
S _ NUMBER	学号	EXPERIMENT	实验成绩
C _ NUMBER	课程编号	GRADE	总成绩
PAPER	卷面成绩		

1.2 Visual FoxPro 简介

1.2.1 Visual FoxPro 的发展

Visual FoxPro 系统是一个关系型数据库管理系统,是 Microsoft 公司推出的面向对象的开发工具 Visual Studio 6.0 系统中的一个产品。

Visual FoxPro 全面采用以窗口、表单、对话框和联机帮助为特征的图形用户界面的技术和操作方法,使其成为国内外最流行的数据库管理系统软件。Visual FoxPro 6.0 在保留以往数据库管理系统功能的基础上,在系统资源利用和设计环境等方面都采用了新技术,提供了更加强大的交互式开发环境,引入了可视化增强技术,提供了大量的开发工具,从而成为当今功能最为强大、可靠的小型数据库管理系统,是开发中小型数据库的强有力工具。

Visual FoxPro 的发展经历了 dBase、FoxBase、FoxPro,发展到现在的 Visual FoxPro,其中 FoxBase 以前的版本是在 Dos 操作系统下运行的,FoxPro 则有 Dos 版和 Windows 版两种,Visual FoxPro 目前最高版本是 9.0,本书使用的版本是 6.0。

1.2.2　Visual FoxPro 的特点

1.简单、易学、易用

Visual FoxPro 提供了"向导"、"生成器"、"设计器"三种工具,这三种工具都采用图形交互界面方式,使用户能够最简单而又最快速地完成数据操作任务。

Visual FoxPro 改进了用户界面,其主窗口与许多 Microsoft 产品(如 Word、Excel)更趋一致。利用 Visual FoxPro 提供的控件可以不编程而建立应用程序界面。

2.功能更强大

Visual FoxPro 使用了真正的数据库概念。以前版本称.DBF 文件为数据库,使人容易产生一个二维表就是一个数据库的错误认识。而在 Visual FoxPro 中,原来的.DBF 文件改称"表",即二维表,而将由若干表、表之间关系和触发程序构成的集合称为数据库。这样关系清晰、合理,且处理方便。

Visual FoxPro 支持可视化编程,这一编程技术给人一种"所见即所得"的感觉。

Visual FoxPro 不仅支持面向过程编程,而且支持面向对象编程。

3.更容易处理事件

Visual FoxPro 包含一种事件模式,它能帮助用户自动地处理事件。在这种模式下,用户可以获取并控制所有标准的 Windows 事件,如鼠标的单击、双击、移动等。用户可以用两种方法来控制事件:一是通过"属性窗口"可视控制;二是通过编程语言控制。

4.新增许多命令和函数,功能大大加强

Visual FoxPro 新增 7 种字段类型:整型、货币型、日期时间型、双精度型、通用型、二进制字符型和二进制备注型。可建立 4 种类型的索引:主索引、候选索引、普通索引和唯一索引。允许在表中使用空值 NULL,以保证与采用 SQL 标准的数据库管理系统的兼容和数据共享。

5.支持客户机/服务器结构

Visual FoxPro 可作为开发强大的客户机/服务器应用程序的前台。它既支持高层次的对服务器数据的浏览,又提供了对本地服务器语法的直接访问,这种直接访问给用户提供了开发灵活的客户机/服务器应用程序的坚实基础。

6.同其他软件的高度兼容

Visual FoxPro 可以同其他 Microsoft 软件共享数据,如用户可用 OLE 来嵌入其他软件(如 Excel、Word)中的对象,并在 Visual FoxPro 中使用这些软件。

1.2.3 Visual FoxPro 的工作界面

1. Visual FoxPro 6.0 的启动和关闭

(1)启动。

Visual FoxPro 6.0 的启动有多种方法,主要使用以下几种。

① 如果桌面上有 Visual FoxPro 的快捷方式,则可双击它启动。

② 选择 "开始/所有程序/Microsoft Visual FoxPro 6.0"/Microsoft Visual FoxPro 6.0",即可运行 Visual FoxPro 6.0。

③利用资源管理器直接运行"C：\ Program Files \ Microsoft Visual Studio \ Vfp98 \ VFP6. EXE"文件。

(2)关闭。

Visual FoxPro 6.0 的关闭方法主要有以下几种。

① 双击标题栏的小狐狸头图标。

② 单击控制菜单中的关闭按钮。

③ 在"文件"菜单中选择"退出"。

④ 在 Visual FoxPro 6.0 的命令窗口中输入"QUIT"命令。

2. Visual FoxPro 6.0 的工作界面

Visual FoxPro 6.0 的运行界面如图 1.5 所示,它主要包括以下几个组成部分。

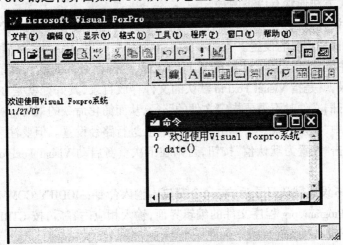

图 1.5 Visual FoxPro 6.0 运行界面

(1)程序窗口。

程序窗口的用法与其他常用的 Windows 窗口用法一样。程序窗口中的空白区域为输出窗口,用来显示命令及程序的运行结果,用户不能在此位置输入任何信息。

如图 1.5 中,在命令窗口中执行了命令,其结果显示在程序窗口的空白区域。

(2)命令窗口。

命令窗口标题为"命令"(Command)。它的主要作用是显示与执行命令,适用于以下两种情况。

① 当用户选择命令操作方式时,显示用户从键盘发出的命令。

② 当用户选择界面操作方式时,每当操作完成,系统将自动把与操作相对应的命令在命

令窗口内显示。

【注意】① 在命令窗口中每行只能输入一条命令,且要执行命令,必须使用回车键。

② 凡是用过的命令总会在命令窗口显示和保存下来,供用户备查或重复执行。若用户想执行以前执行过的命令,只需将光标移到该命令行处,按回车键即可再次执行。若要执行的命令和以前执行过的命令类似,只需将光标移到该命令行处进行简单修改后回车执行即可。

③ 若要清除命令窗口内的内容,只需在命令窗口内单击鼠标右键,在弹出的菜单中选择"清除"命令即可。

④ 当命令窗口被关闭后,若想重新显示,可通过"窗口"菜单的"命令窗口"项或使用快捷键 CTRL + F2 打开命令窗口。

⑤ 设置命令窗口的字体,可使用"格式"菜单中的"字体…"项。

(3)工具窗口。

Visual FoxPro 的工具栏有很多,它们可以以浮动窗口的形式显示。对工具栏显示与否可通过"显示/工具栏"菜单来进行设置,这与其他软件方法一样,在此不再赘述。关于各工具栏的功能详见以后相关章节。

3.系统环境设置

当用户在使用 Visual FoxPro 时,可根据自己的习惯定制系统的界面,如设置显示字体、大小,设置创建文件的默认保存路径、设置日期格式等。

系统环境设置方法通常有以下两种。

(1)使用菜单设置。在菜单栏选择"工具/选项",进行相应设置。在此不对各选项卡一一介绍,仅讲述两个比较重要的设置。

① 通过"文件位置"选项卡,设置在 Visual FoxPro 中保存文件的默认目录等,如图 1.6 所示。所谓默认目录,就是指 Visual FoxPro 默认的文件存放目录,其好处就是在 Visual FoxPro 中创建新文件和打开旧文件时不需要指定文件的路径,从而简化命令的书写。

设置方法:选中"默认目录"项,单击"修改"按钮,进行路径设置。但要注意,若要长久地保存该设置,必须单击"设置为默认值"按钮,否则在下次重新启动 Visual FoxPro 时,便会恢复为初始设置。

例如,按图 1.6 设置默认目录后,在命令窗口中输入命令:MODIFY COMMAND MyProgram,回车后便进入 MyProgram.prg 程序文件的编辑界面,输入相应内容后,按 CTRL + W 键存盘,此时系统会在 F:\ vfpdefaultpath 目录下创建一个 MyProgram.prg 文件。

② 通过"区域"选项卡,设置日期、货币的格式等,如图 1.7 所示。

(2)使用命令设置。在 Visual FoxPro 中提供了一组用于系统配置的命令,在此仅说明常用设置。

① 设置默认目录。

命令格式:SET DEFAULT TO 目录名

说明:临时设置 Visual FoxPro 中文件的默认保存目录。

如 SET DEFAULT TO E:\ VFP6 回车

【注意】该设置不是永久性的,如果使用此命令设置默认目录,则每次启动 Visual FoxPro 时都要重新进行设置。

② 设置日期格式。

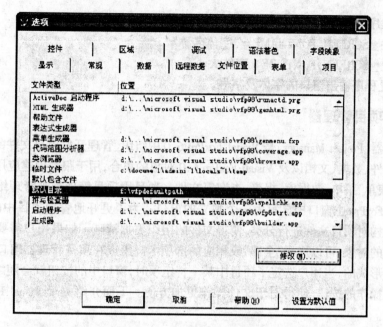

图 1.6 "文件位置"选项卡

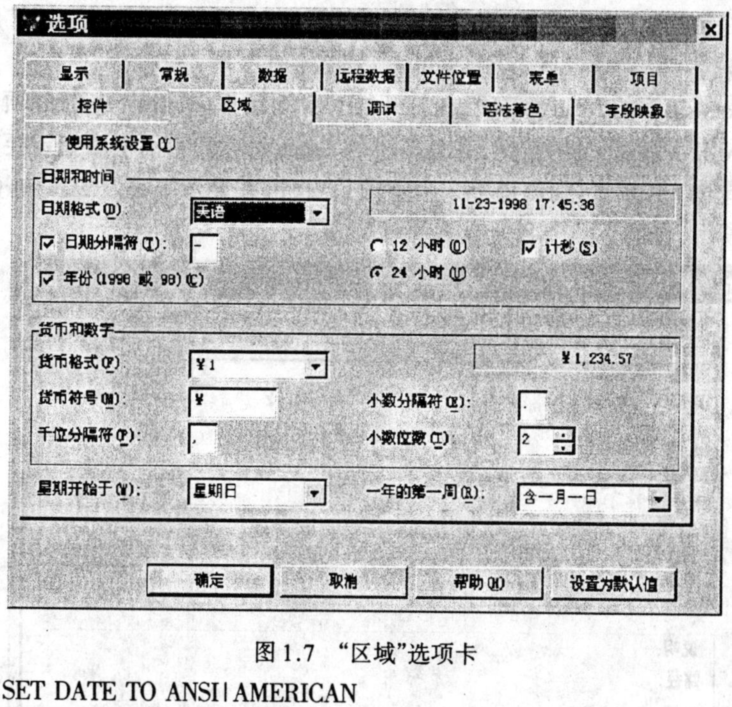

图 1.7 "区域"选项卡

命令格式：SET DATE TO ANSI|AMERICAN

说明：默认按美国日期格式 mm/dd/yy 输入。若要设置中国日期格式 yy.mm.dd，只要在命令窗口中键入 SET DATE TO ANSI 便可。回到美国日期格式的命令为 SET DATE TO AMERICAN。

③ 设置世纪。

命令格式：SET CENTURY ON|OFF

说明：设置在显示日期型数据时，是否显示世纪。默认为 OFF 状态，即不显示世纪。

④ 设置程序输出窗口的字体。

命令格式：_ SCREEN.FONTNAME = "字体名称"

　　　　　　_ SCREEN.FONTSIZE = 字体大小

说明：设置程序输出窗口的字体及字号。

1.2.4 项目管理器

项目管理器(Project Manager)是 Visual FoxPro 6.0 中组织、管理开发项目文件的工具。

项目是文件、数据、文档以及 Visual FoxPro 6.0 对象的集合，用于跟踪创建应用程序所需要的所有程序、表单、菜单、数据库、报表、查询等文件。项目用项目管理器来管理维护。项目管理器在 Visual FoxPro 主窗口中显示为一个独立的窗口。为了更好地管理项目中的各种文件，它使用树形结构对项目文件进行分类，使得文件的组织更加清晰。如果用户需要处理项目中某一特定类型的对象，可以选择"全部"或相应的选项卡。集成在项目管理器窗口中右侧的操作按钮是动态形式的，当用户选定了项目中某一特定项时，窗口中的按钮就会随之改变为对此对象进行相应操作的按钮，使得对于文件操作更加方便。下面介绍关于 Visual FoxPro 项目的一些基本操作。

1. 创建项目文件

项目是文件、数据、文档以及 Visual FoxPro 对象的集合，项目文件以".pjx"扩展名保存。创建项目的方法如下：

(1)选择 File 菜单下的 New 菜单项，在打开的 New 对话框中，选中 Project(项目)选项。

(2)单击 New file(新建文件)按钮，并在打开的 Create(创建)对话框中指定要建立项目文件的名称和位置，单击 OK 按钮，则创建了一个空项目文件，并显示 Project Manager(项目管理器)窗口，如图 1.8 所示，创建了一个名为 Myproject 的项目。

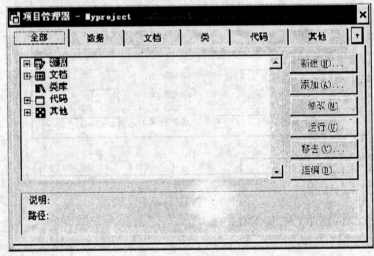

图 1.8　项目管理器窗口

当激活项目管理器窗口时，Visual FoxPro 在菜单栏中会增加一个"项目(或 Project)"菜单项。

在项目管理器中，以类似于大纲的形式组织各项，可以展开或折叠它们。在项目中，如果某项有多个子项,则在其标志前有一个"＋"。单击标志前的"＋"可查看此项的列表,单击"－"可折叠展开的列表。

与工具栏类似,可以将项目管理器拖动到 Visual FoxPro 主窗口的顶部,或双击项目管理器标题栏,从而停放项目管理器。项目管理器停放后被自动折叠,只显示选项卡,如图 1.9 所示。拖动其边缘,可再以浮动窗口的形式显示。

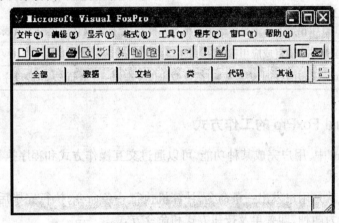

图 1.9 折叠后的项目管理器

2.项目管理器窗口选项

(1)选项卡。选项卡用于分类显示如图 1.8 所示的各数据项。当项目管理器折叠时,可以从项目管理器中拖下选项卡,图 1.10 为拖动出的数据选项卡。要重新放回拖出的选项卡,可以单击拖出选项卡的关闭按钮。单击图钉按钮,可以防止选项卡被其他窗口遮挡。

(2)项目管理器按钮。项目管理器中包含新建(N)、添加(A)、修改(M)、运行(U)、移去(V)和连编(D)按钮,并且某些按钮的标题随着在数据项列表中的选择的改变而发生相应变化。例如,当选择了一个数据表时,运行(U)按钮的标题将变为浏览(B),单击此按钮可以打开表浏览窗口。详细使用说明见表 1.5。

图 1.10 被拖出的选项卡

表 1.5 项目管理器按钮使用说明

按 钮	说 明
新建(N)	创建一个新文件或对象,新文件或对象的类型与当前选定项的类型相同,新文件会被自动添加到项目中
添加(A)	把已有的文件添加到项目中
修改(M)	在设计器(如表设计器、类设计器等)中打开选定项
浏览(B)	在浏览窗口中打开一个表,此按钮仅在选定一个表时可用
关闭(O)	关闭一个打开的表,此按钮仅在选定一个表时可用。如果选定的数据库已关闭,此按钮标题变为"打开"

续表 1.5

按　钮	说　　明
打开(O)	打开一个表,此按钮仅在选定一个表时可用。如果选定的表已经打开,此按钮标题变为"关闭"
移去(V)	从项目中移去选定的文件或对象,Visual FoxPro 此时会询问是仅从项目中移去此文件,还是同时将其从磁盘中删除
预览(P)	在打印预览方式下显示选定的报表或标签,此按钮仅在选定一个报表或标签时可用
连编(D)	连编一个项目或应用程序
运行(U)	执行选定的查询、表单或程序,此按钮仅在选定一个查询、表单或程序时可用

1.2.5　Visual FoxPro 的工作方式

在 Visual FoxPro 中,用户完成某种功能,可以通过交互操作方式和程序执行方式实现。

1. 交互操作方式

交互操作方式就是用户发出一条命令,计算机执行一条命令,执行完毕后,又处于等待状态。这种方式又分为两种,即菜单及按钮方式和命令方式。

(1)菜单及按钮方式。

在 Visual FoxPro 的集成环境中,可以通过菜单或窗口、对话框及工具栏上的按钮完成某个操作,这样使用户无需记忆大量的命令,从而方便用户操作。

如用户要新建一个数据库,可如下操作:打开"文件"菜单,选择"新建"项,在弹出的"新建"对话框中,选中左侧的"数据库",再单击右侧的"新建文件"按钮,并在"创建"对话框中,选择新数据库的保存位置及输入新数据库文件名,再单击"保存"按钮,即可创建一个新数据库。

这种方法的优点是无须记忆完成该操作的命令,缺点是缺乏灵活性,而且并不是所有操作都有相应的菜单项或命令按钮。

(2)命令方式。

命令方式就是直接在命令窗口中输入要执行的命令,回车后即执行此命令。

如同样是创建数据库,只需在命令窗口中输入"create database E:\ mydatabase"命令后回车即可。这条命令执行完毕后,就在 E 盘的根目录下创建了一个名为 mydatabase.dbc 的数据库。

这种方式的优点是灵活,易于控制。

初学者在掌握了菜单及按钮方式后,重点应放在对 Visual FoxPro 命令的学习上,因为只有熟练掌握命令的使用,才能编写出功能更复杂、水平更高、使用更灵活的软件。

2. 程序执行方式

对交互执行方式,虽然操作简单,但只能用于解决简单问题,或只能完成一个操作,若要实现一个较复杂的功能,必须要创建程序,在程序中包含要执行的一组命令,并通过运行程序实现此功能。

【例 1.1】　求 $s = 1 + 2 + 3 + \cdots + 10\,000$。

完成此题,若使用交互方式,基本上不太可能,若创建程序,则很简单。操作步骤如下:

(1)在命令窗口中输入命令:modify command myprogram1,并回车。

(2)在弹出的窗口的编辑区域录入以下内容:

```
SET TALK OFF
s = 0
FOR i = 1 TO 10000
   s = s + i
NEXT
? "s = ", s
SET TALK ON
```

(3)输入完毕后,按 Ctrl + W 键保存该程序,并退出程序编辑状态。

(4)在命令窗口中输入命令:DO myprogram1,并回车,此时可在输出窗口中看到如下的执行结果:

```
s =              50005000
```

此例充分说明,程序可以完成交互方式所无法完成的功能。常说的软件开发,其中很大一部分工作量就是编程。编程是学习一门计算机语言必须掌握的基本技能,大家在学习过程中,一定要将程序设计思想贯彻始终。

为了加深大家对程序设计的理解,在下一节将介绍一下程序设计的基础知识。

1.2.6 Visual FoxPro 的命令概述

Visual FoxPro 中提供了大量的操作命令,虽然 Visual FoxPro 支持可视化编程,但并不是什么功能都能实现,很多时候还需要命令方式,因此大家应该熟练掌握 Visual FoxPro 的命令格式及常用命令。

命令格式:命令动词 [< 范围 >][< 表达式列表 >][FIELDS < 字段名表 >][FOR I WHILE < 条件表达式 >][参数]

说明:

(1)任何 Visual FoxPro 命令都必须以命令动词开头,且命令动词与后续内容之间必须有空格。

(2)一行最多只能写一条命令,若一行写不下时可在结尾处加";",下一行继续,这样在执行时,系统就会把这两行作为一条完整的命令来执行。

(3)所有命令和子句关键字(如 Fields)可以缩写为前 4 个或多于 4 个字符。

(4)命令格式中常用的符号表示:

[ ] 表示该项为可选项,可以缺省。

< > 表示该项为必选项,不能缺省。

I 表示两项中只能取一个。

…… 表示可以有多项。

(5)表达式列表:用于指出命令操作的内容或表示计算公式。

以下选项仅用于对表操作的命令中。

(6)范围子句用于从表中筛选部分行,可以有以下几种形式。

ALL:全部记录(缺省)。

NEXT N:从当前记录开始的 N 个记录(包括当前记录在内)。

RESET:从当前记录开始到最后一个记录。

RECORD N：记录号为 N 的记录。

(7)FIELDS < 字段名表 > 用于从表中筛选部分列，即对指定字段进行操作。

(8)FOR < 条件表达式 > 用于筛选在"范围"子句指定的范围内，使"条件表达式 1"为真的所有记录。

(9)WHILE < 条件表达式 > 用于筛选在"范围"子句指定的范围内，从当前记录开始到第一个使"条件表达式"为假的记录之间的所有记录。

对命令格式，一定要正确理解。命令格式不是用来给计算机执行的，而是用来指定一个 Visual FoxPro 命令应遵循的规则的，它就像一个数学公式。

1.2.7　Visual FoxPro 的常用文件类型

不同的扩展名代表了不同类型的文件，Visual FoxPro 6.0 常用的文件扩展名及其关联的文件类型如表 1.6 所示。

表 1.6　Visual FoxPro 6.0 常用的文件扩展名及其关联的文件类型

扩展名	文件类型	扩展名	文件类型
.app	生成的应用程序	.frx	报表
.exe	可执行程序	.frt	报表备注
.pjx	项目	.lbx	标签
.pjt	项目备注	.lbt	标签备注
.dbc	数据库	.prg	程序
.dct	数据库备注	.fxp	编译后的程序
.dcx	数据库索引	.err	编译错误
.dbf	表	.mnx	菜单
.fpt	表备注	.mnt	菜单备注
.cdx	复合索引	.mpr	生成的菜单程序
.idx	单索引	.mpx	编译后的菜单程序
.qpr	生成的查询程序	.vcx	可视类库
.qpx	编译后的查询程序	.vct	可视类库备注
.scx	表单	.txt	文本
.sct	表单备注	.bak	备份文件

1.3　程序设计基础

所谓程序，就是计算机的一组指令，经过编译和执行才能最终完成程序设计的动作，程序设计的最终结果是软件。

所谓编程，就是用户设计一组指令，告诉计算机要完成的功能，以及计算机如何完成此功能。打个比方说，它好比指导烹调菜品的菜谱。没有这些特殊的指令，就不能执行预期的任务。计算机也一样,当想让计算机做一件事情的时候,计算机本身并不能主动工作,因此必须对它下达指令,而它根本不会也不可能听懂人类的自然语言对事情的描述,也不可能知道应该先做什么,后做什么,应该怎么做,因此必须使用程序来告诉计算机做什么事情以及如何去做。

写出程序后,再由特殊的软件将程序解释或翻译成计算机能够识别的"计算机语言",然后计算机就可以"听得懂"话了,并会按照要求去做事。因此,编程实际上是"人给计算机定制运行规则"这样一个过程。

在程序设计时,主要使用两大程序设计思想,即面向过程的程序设计和面向对象的程序设计。下面分别加以介绍。

1.3.1 面向过程的程序设计

面向过程的程序设计是基于过程的语言(如 C 语言)常用的一种编程方法。它主要是强调把整个系统划分为细小的功能模块,称为过程,每个过程用以实现不同的功能,使用的时候调用就可以了。同时,还要编写一个具有程序入口功能的主程序,当运行一个软件时,主程序会先运行,并按照用户的需要调用其他过程,直到程序运行结束。

当完成一个程序设计后,如果程序的功能变了,就必须修改程序或重新设计程序,因此,面向过程的程序设计方式代码重用率很低。

例如,开发五子棋游戏软件,面向过程的设计思路就是首先分析问题的步骤:①开始游戏,②黑子下棋,③绘制画面,④判断输赢,⑤白子下棋,⑥绘制画面,⑦判断输赢,⑧返回步骤2,⑨输出最后结果。把上面每个步骤用分别的函数来实现,问题就解决了。

1.3.2 面向对象的程序设计

1.理解什么是面向对象的程序设计

面向对象的程序设计(OOP,Object-Oriented Programming)是在面向过程的基础上发展起来的一种新的程序设计思想。

在面向对象的程序设计中,将系统分成若干个功能实体,称为对象,对象是构成程序的基本单位和运行实体。每一个对象都有自己的数据和行为,它们均被封装在对象内部,通过这样若干个对象的交互作用来实现程序设计的设计目标。

下面再来看,使用面向对象程序思想,应该如何设计五子棋游戏。

可以为该系统创建以下几类对象。

(1)黑白双方对象:这两种对象除了颜色不一样外,其余的数据和行为都是一模一样的。

(2)棋盘对象:负责绘制画面。

(3)规则对象:负责判定诸如犯规、输赢等。

当程序运行时,第一类对象(黑白双方对象)负责接受用户输入,并告知第二类对象(棋盘对象)棋子布局的变化,棋盘对象接收到了棋子的变化就要负责在屏幕上面显示出这种变化,同时利用第三类对象(规则系统)来对棋局进行判定。

可以明显地看出,面向对象是以功能来划分问题,而不是步骤。同样是绘制棋局,这样的行为在面向过程的设计中分散在了许多步骤中,很可能出现不同的绘制版本,因为通常设计人员会考虑到实际情况进行各种各样的简化。而面向对象的设计中,绘图只可能在棋盘对象中出现,从而保证了绘图的统一。

功能上的统一保证了面向对象设计的可扩展性。比如,要加入悔棋的功能,如果要改动面向过程的设计,那么从输入到判断到显示这一连串的步骤都要改动,甚至步骤之间的顺序都可能要进行大规模调整。如果是面向对象的设计,只改动棋盘对象就行了,棋盘系统保存了黑白双方的棋谱,简单回溯就可以了,而显示和规则判断则不用顾及,同时整个对对象功能的调用顺序都没有变化,改动只是局部的。

另外,面向对象的程序设计提高了代码的重用率。如要把这个五子棋游戏改为围棋游戏,如果是面向过程的设计,那么五子棋的规则就分布在程序的每一个角落,要改动还不如重写。但是如果当初就是面向对象的设计,那么只改动规则对象就可以了,五子棋和围棋的区别不就是规则吗?

当然,面向对象的程序设计并不是完全抛弃了面向过程程序设计,只不过是把面向过程的程序设计的精华融入到面向对象的程序设计之中,对对象的行为的实现,还是需要创建过程的。

2.面向对象的程序设计的基本概念

(1)对象(Object)。OOP 中所研究的对象,是现实世界中具体的或概念性的事物在计算机中抽象的模型化的表示。

对象在现实生活中是很常见的,如一个人是一个对象,一台计算机是一个对象。如果将计算机拆开来看便有"显示器、机箱、键盘"等,每一个又是一个对象,即计算机是由多个对象组成的。此时计算机又称为一个容器(Container)对象。现实世界中的事物都有自己的特征和行为,抽象为计算机世界中的对象后,对象的特征由它的各种属性来描绘,对象的行为则由方法来表达,而行为的触发则必须满足某个条件,称为事件。如学生有姓名、学号等属性,有上课、考试等行为。

(2)类(Class)。类是对象的原型,是具有相同属性特征和行为规则的若干个"对象"的一种统一描述,每个类都有自己的属性、方法和事件等元素,称为类的成员。

对象是构成程序的基本单位,是运行的实体,是类的实例化,只要需要,可以对一个类进行不同次的实例化得到若干个不同的对象。

如所说的"学生"是指所有的学生,就是一个类,它是对所有学生的一种统一描述,而所说的"这个学生",则是一个具体的学生,是"学生"这个类的一个具体实例,因此"这个学生"是"学生"类的一个对象。

所以说,在进行面向对象的程序设计时,要先创建类,再由类进行实例化得到对象。

在 OOP 中,类有很多特性,其中有三个基本特性,分别是封装性、继承性和多态性。

(3)对象的属性(Property)。对象的属性用来表示它的特征,以命令按钮为例,其位置、大小、颜色以及该钮面上是显示文字还是图形等状态,都可用属性来表示。

常见的属性有标题(Caption)、名称(Name)、背景色(BackColor)、字体大小(FontSize)、是否可见(Visible)等。通过修改和设置这些属性便能有效地控制对象的外观和操作。

(4)对象的方法(Method)。对象的方法用于完成某种特定的功能,如添加对象(AddObject)方法、释放表单(Release)方法、对象获得焦点(Setfocus)方法等。

(5)对象的事件(Event)。所谓事件,是指事先定义好的、能够被对象识别的动作。如单击(Click)事件、双击(Dblclick)事件、装入(Load)事件、鼠标移动(MouseMove)事件等。不同的对象能识别的事件有所不同。

使用事件时应该注意以下两个问题:

① 每个事件的触发都必须满足一定的条件,如单击事件,只有当用户用鼠标单击了该对象,才能激活该事件。

② 当事件被触发后,系统会调用与此事件相对应的一个过程来处理该事件,该过程称为事件过程(Event Procedure)。待事件过程执行完毕后,系统又处于等待某事件发生的状态,称为应用程序的事件驱动工作方式。这种程序执行方式明显不同于面向过程的程序设计的执行方式。

Visual FoxPro 不仅支持过程化的程序设计,而且支持面向对象的程序设计。面向对象的程序设计是建立在事件驱动模型基础之上的,为程序开发提供了极大的灵活性,并有助于提高程序开发的速度。关于面向对象的程序设计的相关概念,详见6.1节。

3.面向对象的程序实例

下面来看一个面向对象的程序设计的例子。

【例1.2】 创建一个表单对象、一个按钮对象和一个文本框对象,当程序运行时,在该窗口中的文本框里先显示"面向对象程序设计",当单击按钮对象时,会在文本框中显示"欢迎你来到OOP技术编程世界!",效果如图1.11所示。

其实现过程如下:

(1)打开"文件菜单",选择"新建(N)..."项。

(2)在弹出的对话框中左侧选中"表单",单击右侧的"新建文件按钮"。

(3)此时进入了表单设计器,在右侧的"属性"窗口中将 Caption 属性的值改为"面向对象程序设计",如图1.12所示。

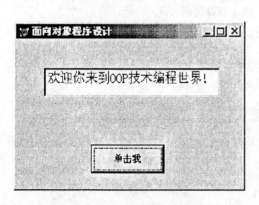

图1.11 例1.2程序运行效果图　　　　图1.12 "属性"窗口

(4)利用"表单控件"工具栏分别在表单上创建一个按钮对象和一个文本框对象,并将按钮对象的 Caption 属性的值改为"单击我"。

(5)双击按钮对象,进入代码设计器窗口,在窗口中输入如图1.13所示内容。

(6)关闭代码窗口,并单击工具栏上的 ! 按钮运行程序,单击按钮,便能见到图1.11中的效果。

图 1.13 "代码设计器"窗口

【例 1.3】 如图 1.14,在表单上放置一个标签控件,用于显示文本;四个复选框控件,用于设置标签控件中文本的字型,当选中某个复选框时,便设置为相应的字型。所有控件均使用默认 Name 属性值。

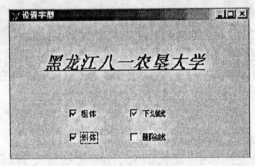

图 1.14 例 1.3 程序运行效果图

设计步骤如下:

(1)添加相应控件,并设置控件的 Caption 属性值。

(2)为四个复选框控件的 Click 事件添加代码,见表 1.7。

表 1.7 四个复选框控件的 Click 事件代码

控件	Click 事件代码内容
Check1	thisform.label1.fontbold = this.value
Check2	thisform.label1.fontitalic = this.value
Check3	thisform.label1.fontunderline = this.value
Check4	thisform.label1.fontstrikethru = this.value

通过以上两个例子可以体会到,面向对象的程序设计是通过对象的相互作用及事件驱动机制而实现了程序的功能。

小 结

本章对数据库基础知识、Visual FoxPro 及程序设计进行了简要介绍,为后续章节作了铺垫。对本章介绍的 Visual FoxPro 的基本操作一定要熟练掌握;对数据库的基础知识和两种程序设计思想,要尽可能地去理解,并且要在后续内容学习的过程中边学边理解。

习 题

一、选择题

1.存储在计算机内有结构的相关数据的集合称为( )。

A.数据库　　　　B.数据库系统　　　C.数据库管理系统　　D.数据结构

2.数据库(DB)、数据库系统(DBS)和数据库管理系统(DBMS)之间的关系是( )。

A.DBMS 包括 DB 和 DBS　　　　　B.DBS 包括 DB 和 DBMS

C.DB 包括 DBS 和 DBMS　　　　　D.DB、DBS 和 DBMS 是平等关系

3.下列关于数据库系统的叙述中,正确的是( )。

A.数据库系统只是比文件系统管理的数据更多

B.数据库系统中数据的一致性是指数据类型一致

C.数据库系统避免了数据冗余

D.数据库系统减少了数据冗余

4.Visual FoxPro 是一种关系型数据库管理系统,所谓关系是指( )。

A.表中各条记录彼此有一定的关系

B.表中各个字段彼此有一定的关系

C.一个表与另一个表之间有一定的关系

D.数据模型符合满足一定条件的二维表格式

5.关系数据库管理系统的基本关系运算不包括( )。

A.比较　　　　　B.选择　　　　　　C.连接　　　　　　D.投影

6.不能退出 Visual FoxPro 运行环境的操作是( )。

A.双击标题栏

B.单击控制菜单中的关闭按钮

C.在“文件”菜单中选择“退出”

D.在 Visual FoxPro 6.0 的命令窗口中输入“QUIT”命令

二、填空题

1.数据库系统的核心是_____。

2.对关系进行选择、投影或连接运算之后,运算的结果仍然是一个_____。

3.在关系数据库的基本操作中,从表中选出满足条件的元组的操作称为_____,从表中抽取属性值满足条件的列的操作称为_____,把两个关系中属性相同的元组连接在一起构成新的二维表的操作称为_____。

4.Visual FoxPro 属于_____型数据库管理系统。

5.临时设置 Visual FoxPro 的默认目录使用_____命令。

三、简答题

谈谈对面向过程、面向对象这两种程序编程技术的理解。

Visual FoxPro 语言基础

本章重点:Visual FoxPro 的数据类型,表达式与运算符以及常用函数。
本章难点:数组。

Visual FoxPro 提供了一套方便实用的数据库管理开发语言,其中很多命令可以在命令窗口中解释执行,这种解释方式特别适合学习和掌握。本章介绍 Visual FoxPro 语言基础,包括 Visual FoxPro 提供的数据类型、运算符、表达式和 Visual FoxPro 命令结构等。

2.1 数据类型

与其他程序设计语言一样,Visual FoxPro 提供了多种数据类型。可以将相应的数据存放到各种类型的表、数组、变量或其他存储容器中。

Visual FoxPro 的数据类型分为两大类:一类用于变量和数组,另一类则用于表的字段中。Visual FoxPro 提供的所有数据类型如下:

- 字符型
- 日期时间型
- 通用型
- 货币型
- 双精度浮点型
- 字符型(二进制)
- 数值型
- 整型
- 备注型(二进制)
- 单精度浮点型
- 逻辑型
- 日期型
- 备注型

其中,单精度浮点型、双精度浮点型、整型、备注型、备注型(二进制)、通用型和字符型(二进制)只能用在数据表的字段中。

1. 字符型

字符型(Character)数据由字母或汉字(一个汉字占两个英文字母宽度)、数字或其他符号的 ASCII 码组成,长度为 0~255 个英文字符长,每个英文字符占一个字节。字符型常量是用单引号、双引号或中括号括起来的字符串。例如,'Student'、"Student"、[Student]都是字符型常量,且表示相同的字符型常量。字符型数据用字母 C 表示。

2. 货币型

货币型(Currency)数据是为存储货币值而使用的一种数据类型,其取值范围是:−922337203685477.5808~922337203685477.5807,默认保留 4 位小数,占据 8 字节存储空间。

在指定货币类型时,应使用"$"符号,例如,

m = $12.44   && m 为货币类型

3. 数值型

数值型(Numeric)数据用来表示数量,由数字 0~9、小数点、正负号和字母 E 组成,用字母

N 表示。数值型数据的取值范围是：- 0.9999999999E + 19 ~ 0.9999999999E + 20.包括正负号、小数点和字母 E 在内,其长度(数据位数)最大为 20 位,如 52.03、- 481.22、5.1E5 等。

4.单精度浮点型

Visual FoxPro 包含单精度浮点型是为了提供兼容性,单精度浮点型的功能与数值型等价。该数据类型只能用在表中定义字段。

5.日期型

日期型(Date)数据是表示日期的数据,用字母 D 表示。日期的默认格式是|mm/dd/yyyy|,其中 mm 表示月份,dd 表示日期,yyyy 表示年度,固定长度 8 位。日期型数据的严格格式为|^yyyy - mm - dd|,如|^2007 - 10 - 18|表示 2007 年 10 月 18 日这一日期数据。

日期型数据的显示格式有多种,它受系统日期格式设置的影响,最常用的是 mm/dd/yyyy。例如,

Today = |^2007 - 10 - 18|

? Today　　　　　　　　　　　　　　&& "?"是输出命令,输出 Today 变量的值,显示 10/18/07

6.日期时间型

日期时间型(Date Time)数据用以保存日期和时间值,用字母 T 表示。日期时间的默认格式是|mm/dd/yyyy hh:mm:ss|,其中 mm、dd、yyyy 的意义与日期型相同,而 hh 表示小时,mm 表示分钟,ss 表示秒数。日期时间型数据也是采用固定长度 8 位,取值范围是:日期为 01/01/0001 ~ 12/31/9999,时间为 00:00:00 ~ 23:59:59,如|02/26/2007 10:35:35|表示 2007 年 02 月 26 日 10 时 35 分 35 秒这一日期和时间。

日期时间型数据的严格格式为|^yyyy - mm - dd [hh[:mm[:ss]][a|p]]|。最常用的输出格式是 mm/dd/yy hh:mm:ss[am|pm]。如,

curtime = |^2007 - 10 - 1 5:22:15 a|

? curtime　　　　　　　　　　　　　&& 显示 10/01/07 05:22:15 am

7.双精度浮点型

双精度型(Double)数据用于取代数字型数据,是具有更高精度的一种数值型数据,用字母 B 表示。双精度浮点型数据只能用于数据表字段的定义,它采用固定长度浮点格式存储,占用 8 个字节。

8.整型

整型(Integer)数据用于存储无小数部分的数字,该数据类型只能用在表中的字段,用字母 I 表示。在表中,整型字段占用 4 个字节。其取值范围是：- 21474836 ~ 21474836。

9.逻辑型

逻辑型(Logic)数据是描述客观事物真假的数据类型,表示逻辑判断的结果,用字母 L 表示,逻辑型数据只有真(.t.或.y.)和假(.f.或.n.)两种结果,长度固定为 1 位。

【注意】为区别其他数据类型,一般需在表示逻辑值的字母 t、y、f、n 的前后加圆点符"."。

10.备注型

备注型(Memo)数据用于字符型数据块的存储。该数据类型只能用在表中的字段。在表中,备注型字段占用 4 个字节,并用这 4 个字节来引用备注的实际内容。实际备注内容的多少只受内存可用空间的限制。

11.通用型

通用型(General)数据用于存储 OLE 对象。该数据类型只能用在表中的字段,该字段包含

了对 OLE 对象的引用,而 OLE 对象的具体内容可以是一个电子表格,一个字处理器的文本、图片等。

12.字符型(二进制)

二进制字符类型(Binary Character)数据用于存储任意不经过代码页修改的字符数据。其只能用在表中的字段的定义。

13.备注型(二进制)

二进制备注类型(Binary Memo)数据用于存储任意不经过代码页修改的备注型数据。其只能用在表中的字段的定义。

Visual FoxPro 为测试数据类型提供了数据类型测试函数 Type( ),详细讲解请参照 2.4.5 节。

2.2 常量与变量

数据类型是不能直接参与运算的,数据类型只是决定了数据的存储方式和运算方式,因此,每种数据类型只有定义出具体的数据量才能进行操作,即数据类型通过数据量表现。Visual FoxPro 系统中设定的数据量总体上分为两大类:常量和变量。

2.2.1 常 量

常量也称为常数,表示恒定的、不变的值。常量是不允许被更改的。不同类型的常量所对应的书写格式是不同的。

Visual FoxPro 系统中的常量主要有 6 种:字符型常量、数值型常量、日期型常量、日期时间型常量、逻辑型常量和货币型常量。

1.字符型常量

字符型常量也叫做字符串,表示的方法是用单引号、双引号或方括号把字符串括起来。单引号、双引号或方括号叫做定界符,表示其所包含的内容属于字符概念,但是定界符不属于字符串内容。

定界符必须成对出现。如果在字符串所表示的内容中出现了上述 3 种符号之一,则定界符必须使用另一种。如果在字符串的内容中同时出现 3 种定界符号,则必须拆分字符串,使其分为两个子字符串以使上述规则成立,然后利用连接符将两个字符串连接起来,形成一个大字符串。

字符型常量的最大表示范围为 255 个英文字符长。

2.数值型常量

数值型常量是由数字 0~9、符号(+ 或 −)及小数点构成,表示一个具体的数据值。可以用普通的十进制小数格式表示,如 59.21、− 87.58。也可以使用科学计数形式书写,如 3.12E12 表示 3.12×10^{12},数值型数据在内存中的存储占据 8 个字节。

3.日期型常量

日期型常量是表示日期值的数据,日期型数据要放在一对花括号中,花括号内包括年、月、日 3 部分内容,各部分内容之间用分隔符分隔,系统默认斜杠(/)分隔符,还可以采用连字号(−)、句点(.)和空格等分隔符,Visual FoxPro 的默认日期格式是{mm/dd/[yy]yy},如{01/26/

07｝和｛01/26/2007｝都表示 2007 年 1 月 26 日这一日期常量值。

日期型常量的表示有两种格式:严格的日期格式和系统默认的格式。

(1)严格的日期格式。

严格的日期格式表示为｛^yyyy－mm－dd｝。用这种格式表示的日期是一个确定的日期,是不能更改其格式的,而且其表示具有严格的次序,不能颠倒,也不能缺省。

(2)系统默认的格式。

Visual FoxPro 默认的系统格式是美国日期格式｛月/日/年｝,月、日、年的位数为两位。当然这种格式可以在具体的操作中进行调整。

影响日期格式表达的设置命令如下:

① SET MARK TO [日期分隔符]。用于指定日期的分隔符号,如"－"、"."等。例如,SET MARK TO "＊",则表示日期的分隔符号为＊;如果只是命令 SET MARK TO,就表示恢复系统默认的斜杠(/)分隔符号。

② SET CENTURY ON|OFF。用来设定年份的位数,选择 ON,表示使用 4 位数字表示年份;选择 OFF,则使用 2 位数字表示年份。默认情况下为 2 位。

③ SET STRICTDATE TO [0 | 1 | 2]。用于设置是否对日期格式进行检测。

0:表示不进行严格的日期格式检测;

1:表示进行严格的日期格式检测(默认值),要求所有日期型和日期时间型数据均采用严格的格式;

2:表示进行严格的日期格式检测,且对 CTOD( )和 CTOT( )函数的格式也有效;

省略:恢复系统默认值,等价于 1 的设置。

④ SET DATE [TO] AMERICAN | ANSI | BRITISH | FRENCH | GERMAN | ITALIAN | JAPAN | USA | MDY | DMY | YMD | SHORT | LONG

设置值与格式见表 2.1。

表 2.1　日期格式设置对照表

设置值	日期格式	设置值	日期格式
AMERICAN	mm/dd/yy	USA	mm－dd－yy
ANSI	yy.mm.dd	MDY	mm/dd/yy
BRITISH/FRENCH	dd/mm/yy	DMY	dd/mm/yy
GERMAN	dd.mm.yy	YMD	yy/mm/dd
ITALIAN	dd－mm－yy	SHORT	Windows 短日期格式
JAPAN	yy/mm/dd	LONG	Windows 长日期格式

说明:对日期数据进行格式设置一般是在命令窗口中或在应用程序编程中进行,也可以在数据库中数据表创建的时候进行控件设置。一经设置,则后续的所有日期格式都将按照设定格式显示,直到下次修改为止。

4.日期时间型常量

日期时间型常量中包含日期和时间两部分内容,表现形式如下:｛日期,时间｝。

日期部分与日期型常量表现一致。

时间部分的格式是[hh[:mm[:ss]]][a|p]]。hh、mm、ss 代表时、分、秒，a 和 p 分别表示上午和下午，系统默认为上午格式。当然，如果指定的时间小时数大于 12，则自然表示为下午时间。

日期时间型数据在内存中存储用 8 个字节表示，日期部分等同于日期型数据，时间部分的取值范围是 00:00:00AM ~ 11:59:59PM。

5.逻辑型常量

逻辑型常量表示逻辑判断的结果，只有两种可取值，即"真"和"假"，在 Visual FoxPro 中，逻辑真用.T.或.t.、.Y.或.y.表示，逻辑假用.F.或.f.、.N.或.n.表示。前后出现的两点也是定界符，必不可少。在 Visual FoxPro 中，逻辑型数据在内存存储中只占一个字节大小。

6.货币型常量

货币型常量用来表示货币值，书写格式类似于数值型常量，但必须在其前加上货币符号"$"，它是一种特殊的数值常量，最多可以取 4 位小数，超出的部分自动进行四舍五入。如 $23.74。货币型常量在内存中用 8 个字节表示，但不能采用科学计数法形式。

2.2.2 变 量

常量是不能发生变化的值，即恒量。但是，大多数情况下给定的原有数据在执行中是需要改变的，在具体的操作中需要对原有数据进行运算而得到最终结果，这样数据的值会发生变化，因此除了常量外，Visual FoxPro 引入了变量，变量是运算的主体。

变量是需要变化的，因此不能像常量那样直接给出具体的数值，所以变量是用一个特定的符号表示的。该变量符号称为变量名，所包含的数据值称为变量值。变量名是固定的，变量值是变动的。每一个变量都拥有一个变量名，用户借助变量名访问变量值进行运算。变量的值就是变量在当前时刻所保存的数据值。

Visual FoxPro 系统中对于变量有两种表现形式：内存变量和字段变量。内存变量设置于内存存储区域中，变量值就是存放于该区域中的数据。内存变量具有特殊性，即随时使用，随时建立。字段变量是隶属于数据表的，使用字段变量时必须先打开相关数据表，数据表中的字段名就是字段变量。数据表一经设定，其所包含的字段名称、字段类型、取值范围和宽度也就确定了，因此字段变量是固定的。字段变量的取值范围只能是整个数据表中的记录值。字段变量的当前数据就是数据表中当前记录所对应的字段取值。有关字段变量的内容在数据库设计中再作具体说明，这里先讨论内存变量。

1.命名规则

(1)使用字母、汉字、下划线和数字命名。虽然中文版 Visual FoxPro 允许使用汉字为各类变量命名，但一般建议尽量不采用汉字命名，以提高操作效率。

(2)命名以字母或下划线开头。除自由表中字段名、索引的 TAG 标识名最多只能 10 个字符外，其他的命名可使用 1 ~ 128 个字符。

(3)为避免误解、混淆，不应使用 Visual FoxPro 保留字(命令名、函数名等各种系统预定义项的名称)进行命名。

2.内存变量的类型

内存变量的取值类型包括：字符型、数值型、货币型、逻辑型、日期型和日期时间型。

3.系统变量

系统变量是由 Visual FoxPro 自动生成和维护的内存变量,以下划线(_)开头,用于控制输出和显示信息的格式,其名称由系统规定。如系统变量"_PEJECT"用于设置打印机输出时的走纸方式。

4.内存变量的赋值

内存变量不需要事先定义,随用随建,通过变量名访问变量值。但由于变量具有两种形式,因此如果内存变量与数据表中的字段变量同名,且同时处于当前状态,则在访问简单内存变量时必须在简单内存变量前加上前缀 M.,否则系统将访问字段变量,这是因为字段变量的优先级高于简单内存变量。

定义一个变量只是给定了类型、空间和执行范围,但是并没有给定相关数据值,因此,变量必须具有确定的数值并进行合法的操作。

内存变量的赋值命令有两种:

<内存变量> = <表达式>

STORE　<表达式>　TO　<内存变量名列表>

说明:

(1)赋值号(=)一次只能给一个内存变量赋值,如有多个变量,需要书写多个等号赋值命令,而 STORE 命令可以给多个变量赋同一个初值,各个内存变量名之间用","隔开。例如:

X = 12

Y = 33

Store 34 to a,b,c

(2)内存变量使用之前不需要特别的声明和定义。对变量赋值时,如果变量名不存在,则建立该变量并赋值;如果变量名已经存在,则用新值替换原有值。

2.3　运算符与表达式

2.3.1　运 算 符

运算符是用来处理相同类型的数据的。Visual FoxPro 提供了如下类型的运算符:算术运算符、字符运算符、日期时间运算符、逻辑运算符、关系运算符、类与对象运算符和宏替换运算符。下面分别进行介绍。

1.算术运算符

用于处理数值型数据,按优先权从高到低依次为:

(1) * * (或^):表示乘幂。

(2) * ,/:表示乘,除。

(3)%:表示求模。

(4) + , − :表示加,减。

2.字符运算符

用于字符型数据的连接或比较,字符运算符有:

(1)" + "用于直接连接两个字符表达式。

(2)"－"用于连接两个字符表达式,删除前一个字符串尾部空格后连接两个字符串。

(3)"$"用于两个字符表达式之间的比较,判断第一个字符串是否包含在第二个字符串中。

【例 2.1】　输出下列命令的结果。

"Good "+"Bye "　"Good "－"Bye "　"a" $"ab"　"B" $"CF"

结果如下:

Good Bye　　　　　　&& 长度为 9,末尾有一个空格

GoodBye　　　　　　&& 长度为 9,末尾有两个空格

.T.　　　　　　　　　&&"a"是"ab"的子串

.F.　　　　　　　　　&&"B"不是"CF"的子串

3.日期时间运算符

用于处理日期时间型数据与数值型数据或日期时间型数据的相加或相减。日期时间运算符有:

(1)"+"表示日期时间加上一个整数产生一个日期时间。

(2)"－"表示两个日期时间相减产生它们相差的天数。

假设某名学生的出生日期为 1988 年 10 月 20 日,该名学生的年龄可以使用表达式 INT((DATE( )－{^1988/10/21})/365)进行计算。

4.逻辑运算符

用于处理任意类型的数据并返回逻辑值。逻辑运算符按优先权从高到低依次为:

(1).NOT.(或 NOT、!)表示逻辑非。

(2).AND.(或 AND)表示逻辑与。

(3).OR.(或 OR)表示逻辑或。

具体运算规则详见表 2.2。

表 2.2　逻辑运算规则表

A	B	.NOT.A	A .AND.B	A.OR.B
.T.	.T.	.F.	.T.	.T.
.T.	.F.	.F.	.F.	.T.
.F.	.T.	.T.	.F.	.T.
.F.	.F.	.T.	.F.	.F.

例如,表达式!(8<3)　AND　(8+6)/2<2 的结果为".F."。

5.关系运算符

用于处理任意类型数据并返回逻辑值,关系运算符有:

(1)"<":小于。

(2)">":大于。

(3)"=":等于。注:字符串比较时,等号后的字符串与前者相同时为真。

(4)"<=":小于或等于。

(5)">=":大于或等于。

(6)"==":精确等于。注:两串完全相同时为真。

(7)"<>","#","!=":不等于。

【例 2.2】　输出下列表达式的结果。

″ab″ = ″abcd″　″abcd″ = ″ab″　″abcd″ = = ″ab″

输出结果为：

.F.

.T.　　　　　　　　　　　&& 当" = "后的字符串与前者匹配时,返回.T.

.F.　　　　　　　　　　　&& 当" = = "前后字符串不完全匹配时,返回.F.

6.类与对象运算符

用于实现面向对象的程序设计,类与对象运算符有：

(1)"."确定对象与类的关系,以及对象与属性、事件和方法的关系。

(2)"∷"用于子类中调用父类的方法。

7.宏替换运算符

Visual FoxPro 提供的宏替换具有很好的灵活性,其使用方法是将"&"符号放在变量前,告诉 Visual FoxPro 将此变量值作为名称使用,并使用一个句点"."来结束这个宏替换表达式。

【例 2.3】　宏替换运算符的使用。

i = ′1′

j = ′2′

x12 = ′hello′

hello = max(56,65)

? x&i. &j, &x12

输出结果：hello 65。

2.3.2　表 达 式

所有符合 Visual FoxPro 命名规则并使用运算符将常量、变量、字段、函数连接起来的式子都称为 Visual FoxPro 表达式。单个常量、变量、字段和函数均作为最简单的表达式。每个表达式都有确定的值,按照值的数据类型把表达式分为：算术表达式、字符表达式、日期表达式和逻辑表达式。

1.算术表达式

算术表达式由算术运算符与以下 Visual FoxPro 元素共同构成：

(1)数值型表达式。

(2)数值型变量或数组元素。

(3)数值型字段。

(4)返回数值型数据的函数。

【例 2.4】　输出表达式结果。

A = 24

B = 5

? a%(b + 3),2 * * 3 * 3,MOD(a,b),a%b

输出结果：0　24.00　4　4

2.字符表达式

字符表达式由字符运算符与以下 Visual FoxPro 元素共同构成：

(1)字符型常量,即字符串。

(2)字符型变量或数组元素。

(3)字符型字段。

(4)返回字符型数据的函数。

(5)在字符串中嵌入引号,只需将字符串用另一种引号括起来即可。

3.日期表达式

日期表达式是由日期运算符与以下 Visual FoxPro 元素构成:

(1)日期或日期时间型常量。

(2)日期或日期时间型变量或数组元素。

(3)日期或日期时间型字段。

(4)返回日期或日期时间型数据的函数。

Visual FoxPro 将无效的日期处理为空日期。

4.逻辑表达式

逻辑表达式有两种可取值,即"真"和"假"。逻辑表达式由逻辑运算符与以下 Visual FoxPro 元素构成:

(1)逻辑型常量:真或假。

(2)逻辑型变量或数组元素。

(3)逻辑型字段。

(4)返回逻辑型数据的函数。

(5)关系表达式。

【例 2.5】　输出表达式结果。

?"store 'China' to country"

?.T.　AND　(.F.OR .T.)

输出结果:

Store 'China' to country

.T.

5.表达式输出命令

格式:? |?? 表达式

功能:在屏幕上显示表达式的内容。

说明:"? 表达式"用于对表达式进行运算,然后在屏幕上新起一行显示结果;"?? 表达式"则不换行,在当前行尾部继续输出。

2.4　常用函数

函数是具有特定数据运算或者转换功能的一段指令序列。函数的出现使得用户在大多数情况下不必自行设计具体的操作,而只要通过简单的调用即可解决。

有些函数称为有参函数,调用格式为:函数名(<参数列表>)。也有一部分函数不需要参数就可运行,称为无参函数,其调用格式为:函数名()。小括号是函数存在的标志,执行函数后产生的结果称为函数值。

函数还可以分为系统函数和自定义函数。本节主要讲述系统函数。

2.4.1　数值函数

数值函数的运算结果为数值型,一般情况下,它们的自变量和函数的返回值往往都是数值型数据。

1.绝对值函数

格式:ABS(<数值表达式>)

功能:返回指定的数值表达式的绝对值。

2.三角函数

格式:COS(<数值表达式>)

SIN(<数值表达式>)

TAN(<数值表达式>)

功能:返回指定数值表达式的三角函数值。

3.e 指数函数

格式:EXP(<数值表达式>)

功能:返回以 e 为底、指定数值表达式为指数的值。

4.取整函数

(1)INT 函数

格式:INT(<数值表达式>)

功能:返回指定的数值表达式的整数。

(2)CEILING 函数。

格式:CEILING(<数值表达式>)

功能:返回大于等于指定数值表达式的最小整数。

(3)FLOOR 函数。

格式:FLOOR(<数值表达式>)

功能:返回小于等于指定数值表达式的最大整数。

【例 2.6】　输出下列函数表达式的结果。

? ABS(-11.87),COS(1.00),EXP(1.00)

? INT(5.5),INT(-2.33),CEILING(5.23),FLOOR(8.9)

输出结果:

11.87　0.54　2.72

5　-2　6　8

5.自然对数函数

格式:LOG(<数值表达式>)

功能:返回指定数值表达式的自然对数。它是 EXP 函数的逆运算。

6.最大值函数和最小值函数

格式:MAX(<数值表达式表>)

MIN(<数值表达式表>)

功能:返回指定数值表达式表中的最大或最小值。

7.取余数函数

格式:MOD(<数值表达式1,数值表达式2>)

功能:返回指定的数值表达式 1 除以数值表达式 2 的余数。

8.圆周率函数

格式:PI()

功能:求圆周率。

9.四舍五入函数

格式:ROUND(<数值表达式 1,数值表达式 2>)

功能:返回指定的数值表达式 1 按数值表达式 2 的值作为保留位数进行四舍五入后的值。

10.符号函数

格式:SIGN(<数值表达式>)

功能:返回指定的数值表达式的符号。

【注意】 当表达式的运算结果为正、负和零时,函数值分别为 1、-1、0。

11.平方根函数

格式:SQRT(<数值表达式>)

功能:返回指定的数值表达式的平方根值,自变量的值不能为负。

【例 2.7】 输出下列函数表达式的结果。

? LOG(2.72),MAX(-2.5,7.8,88.2),MIN(-2.5,7.8,88.2),MOD(7,3),PI()

? ROUND(345.345,2),ROUND(345.345,1),ROUND(345.345,0),ROUND(345.345, -1)

? SIGN(-12.3),SIGN(5),SIGN(0),SQRT(4)

输出结果:

1.00 88.2 -2.5 1 3.14

345.35 345.3 345 350

-1 1 0 2

2.4.2 字符处理函数

1.删除字符串空格函数

格式:ALLTRIM(<字符表达式>)

TRIM|RTRIM(<字符表达式>)

LTRIM(<字符表达式>)

功能:

ALLTRIM:返回指定的字符表达式去掉前导和尾部空格后形成的字符串,但中间嵌入的空格不能删除。

TRIM|RTRIM:返回指定的字符表达式去掉尾部空格后形成的字符串。

LTRIM:返回指定的字符表达式去掉前导空格后形成的字符串。

【例 2.8】 输出下列函数表达式的结果。

? TRIM(" CHINA "),LTRIM(' JAPAN '),TRIM([KOREA])

显示结果为:CHINA JAPAN   KOREA

2.求子串位置函数

格式:AT(<字符表达式 1>, <字符表达式 2[, <数值表达式>])

ATC(<字符表达式 1>, <字符表达式 2[, <数值表达式>])

功能：

AT( )返回数字值。如果字符表达式 1 是字符表达式 2 的子串,则返回字符表达式 1 在字符表达式 2 中出现的位置;如果不是子串,则返回 0。

ATC( )与 AT( )功能类似,但是不区分大小写。

可选的数值表达式用来表明在字符串表达式 2 中搜索表达式 1 时第几次出现的起始位置,默认为第 1 次。

3. 求字符 ASCII 码值函数

格式：ASC(<字符表达式>)

功能：返回指定的字符串表达式最左边第一个字符的 ASCII 码值。

【例 2.9】　输出下列函数表达式的结果。

? AT("ab","a bottle of orange"), AT("ab","about"), AT("程序","Visual FoxPro 程序设计")

? ASC("ABCDEF")

显示的结果为：

0　1　15

65

4. 取子串函数

格式：LEFT(<字符表达式> , <长度>)

RIGHT(<字符表达式> , <长度>)

SUBSTR(<字符表达式> , <起始位置> , [<长度>])

功能：

LEFT( )：从指定的字符串表达式的左边取一个指定长度的子串作为函数值。

RIGHT( )：从指定的字符串表达式的右边取一个指定长度的子串作为函数值。

SUBSTR( )：从指定的字符串表达式的指定位置取一个指定长度的子串作为函数值,如果缺少第三项 <长度> 自变量,则一直到字符串末尾结束。

5. 求字符串长度函数

格式：LEN(<字符表达式>)

功能：返回指定的字符串表达式的长度,即所包含的字符个数,函数值为数值型。

6. 大小写转换函数

格式：LOWER(<字符表达式>)

　　　　UPPER(<字符表达式>)

功能：

LOWER( )：将指定的表达式中的大写字母转换成小写字母,其他字母不变。

UPPER( )：将指定的表达式中的小写字母转换成大写字母,其他字母不变。

7. 生成空格函数

格式：SPACE(<数值表达式>)

功能：生成由指定的数值表达式确定的空格数的字符串。

【注意】数值表达式必须是正整数。

【例 2.10】　输出下列函数表达式的结果。

? LEFT("黑龙江八一农垦大学",6),RIGHT("黑龙江八一农垦大学",8)

? SUBSTR("八一农垦大学信息技术学院计算机系",13,12)

? LEN("Visual FoxPro 程序设计")

? "abc" + space(4) + "def"

输出结果为:

黑龙江　农垦大学

信息技术学院

22

abc　　　def

8.子串替换函数

格式:STUFF(<字符表达式 1>,<起始位置>,<长度>,<字符表达式 2>)

功能:用指定的字符表达式 2 替换字符表达式 1 中由起始位置和长度指定的一个子串,如果长度为 0,则表示插入字符表达式 2;如果字符表达式 2 为空串,则删除字符表达式 1 中指明的子串。

9.字符串匹配函数

格式:LIKE(<字符串表达式 1>,<字符串表达式 2>)

功能:比较字符串 1 和字符串 2 相对位置上的字符,如果所有的对应字符都相匹配,则返回逻辑值.T.,否则返回逻辑值.F.。

2.4.3　日期类函数

1.日期、时间类函数

格式:DATE()

　　　TIME()

　　　DATETIME()

功能:

DATE():返回当前系统日期,函数的返回值为日期型。

TIME():返回当前系统时间,采用 24 小时制,函数的返回值为字符型。

DATETIME():返回当前系统日期时间,函数的返回值为日期时间型。

2.年份、月份和天数函数

格式:YEAR(<日期表达式 > | <日期时间表达式 >)

　　　MONTH(<日期表达式 > | <日期时间表达式 >)

　　　DAY(<日期表达式 > | <日期时间表达式 >)

功能:

YEAR():返回日期表达式或日期时间表达式年份(4 位表示)。

MONTH():返回日期表达式或日期时间表达式月份。

DAY():返回日期表达式或日期时间表达式天数。

【注意】这三个函数的返回值的类型都是数值型。

3.时分秒函数

格式:HOUR(<日期时间表达式 >)

　　　MINUTE(<日期时间表达式 >)

SEC(<日期时间表达式>)

功能：

HOUR()：返回日期时间表达式时间的小时部分。

MINUTE()：返回日期时间表达式时间的分钟部分。

SEC()：返回日期时间表达式时间的秒数部分。

2.4.4　转换类函数

1.数值转换成字符串函数

格式：STR(<数值表达式>[,<长度>[,<小数位数>]])

功能：将数值表达式的值转换成字符串，转换时根据需要自动进行四舍五入。返回的字符串的长度是整数部分位数加上小数位数和小数点，如果设定的长度大于上述结果，则在字符串前面加上空格；如果设定的长度小于上述结果，则优先满足整数部分并调整小数；如果长度部分小于整数部分，则显示星号(*)。

【注意】小数位数是可选项，默认值为 0，长度的默认值为 10。

2.字符串转换成数值函数

格式：VAL(<字符表达式>)

功能：将字符串转换成数值(含正负号、小数点和数字)。如果出现非数字字符，则转换前面部分；如果首字符不是数字，则返回结果为 0。在转换中忽略前导空格。

3.字符串转为日期、时间函数

格式：CTOD(<字符表达式>)

　　　CTOT(<字符表达式>)

功能：

CTOD()：将字符表达式的值转换成日期类型数据。

CTOT()：将字符表达式的值转换成日期时间类型数据。

【注意】字符串中的字符表达式的出现格式要与日期时间的设置格式一致。

4.日期、时间转换为字符串函数

格式：DTOC(<日期表达式> | <日期时间表达式>[,1])

　　　TTOC(<日期时间表达式>[,1])

功能：

DTOC()：将日期部分转换成字符串。

TTOC()：将日期时间类型转换成字符串。

【注意】对于日期类型，如果使用选项 1，则字符串的格式总是 YYYYMMDD，共 8 个字符；对于日期时间类型，如果使用选项 1，则字符串的格式总是 14 个字符，采用 24 小时制，格式为 YYYYMMDDHHMMSS。

5.返回字符函数

格式：CHR(ASCII 码值)

功能：返回与 ASCII 码值相对应的字符。

【注意】给定的 ASCII 码值不能超越 ASCII 码值域范围。

2.4.5 测试类函数

1.数据类型测试函数

格式：Type(字符表达式)

说明：可以使用 Type 函数返回指定表达式的数据类型,其中"字符表达式"可以是变量、常量、字段或其他表达式。该表达式是一个字符表达式,对于常量、变量、字段名等,要用双引号等符号括起来。表 2.3 给出了 Type()函数返回值及对应的数据类型。

表 2.3　Type()函数返回值及对应的数据类型

数据类型	返回的字符
字符型	C
数值型(单精度、双精度和整型)	N
货币型	Y
日期型	D
日期时间型	T
逻辑型	L
备注型	M
通用型	G
未定义的表达式类型	U

【例 2.11】 Type()函数使用示例

? TYPE("15.35")　　　　　　&& 显示 N,表示 15.35 的数据类型是 N(数值型)

a = "STRING"

? TYPE([a])　　　　　　&& 显示 C,返回字符型变量 a 的数据类型 C(字符型)

2.表文件首尾测试函数

格式：BOF([<工作区号>]|[<表别名>])

　　　EOF([<工作区号>]|[<表别名>])

功能：

BOF()函数测试表的记录指针是否指向文件首,如果是,返回逻辑值真(.T.),否则返回逻辑值假(.F.)。表文件首是第一个记录的前面位置。

EOF()函数测试表的记录指针是否指向文件尾,如果是,返回逻辑值真(.T.),否则返回逻辑值假(.F.)。表文件尾是最后一个记录。

3.记录号测试函数

格式：RECNO([<工作区号>]|[<表别名>])

功能：返回当前表文件当前记录的记录号,如果没有打开表文件,则函数值为 0;如果指针指向了文件尾部,则记录值为最大记录号加 1;如果指向文件首,则记录号为 1。

4.记录个数测试函数

格式：RECCOUNT([<工作区号>]|[<表别名>])

功能：返回当前表文件中记录的个数。如果没有表文件,则函数值为 0。该函数返回的是表中物理记录的个数,与是否设置删除标识无关,也不考虑记录是否被过滤过(SET FILTER)。

5.记录逻辑删除测试函数

格式:DELETE([< 工作区号 >]I[< 表别名 >])

功能:测试指定的表,记录指针所指的当前记录是否有逻辑删除标识" * ",如果有,则返回逻辑真(.T.),否则返回逻辑假(.F.)。

6.条件测试函数

格式:IIF(< 逻辑表达式 > , < 表达式 1 > , < 表达式 2 >)

功能:测试逻辑表达式的值,如果为逻辑真,则函数返回表达式 1 的值;如果为逻辑假,则返回表达式 2 的值。

2.5　数　　组

数组是按一定顺序排列的一组内存变量的集合,数组中的变量称为数组元素。每一数组元素用数组名以及该元素在数组中排列的序号一起表示,也称为下标变量。例如,X(1)、X(2)等。因此,数组也看成是名称相同而下标不同的一组变量。

下标变量的下标个数称为维数,只有一个下标的数组叫做一维数组,有两个下标的叫二维数组,数组的命名方法和一般内存变量的命名方法相同,如果新定义的数组名称和已经存在的内存变量同名,则数组取代内存变量。

总的来讲,和计算机高级语言中的情况一样,数组的引入是为了提高程序运行的效率,改变程序结构。

1.数组的定义

数组在使用前一般需先进行定义,Visual FoxPro 中可以定义一维数组和二维数组。

格式:DIMENSION l DECLARE < 数组名 > (< 下标上界 1 > [,下标上界2])[,……]

功能:用于定义一维或二维数组。

说明:

(1)下标上界是一个非负数值量,可以是常量、变量、函数或表达式,下标的下界由系统统一规定为1。

(2)下标必须用圆括号括起,一维数组的元素只有一个下标,二维数组的元素有两个以逗号分隔的下标。

例如,DIMENSION SS(3),JS(2,3),该命令定义了两个数组,一个是一维数组 SS,它有三个元素,分别为 SS(1),SS(2)和 SS(3),另一个是二维数组 JS,它有 6 个元素,分别是 JS(1,1),JS(1,2),JS(1,3),JS(2,1),JS(2,2),JS(2,3)。

2.数组的赋值

数组定义好后,数组中的每个元素自动被赋予默认逻辑值.F.。

当需要对整个数组或个别数组元素进行重新赋值时,与内存变量一样可以通过 STORE 命令或赋值符号" = "来进行。对数组的不同元素,可以赋予不同数据类型的数据。

【例 2.12】 为数组赋值。

DIMENSION abc(3),b(2,3)

STORE 10 TO b

abc(1) = 30

abc(2) = "teacher"

abc = .F.

小　　结

本章主要介绍了 Visual FoxPro 的基本数据类型、运算符、表达式的定义,重点强调数组和常用函数的操作方法,是 Visual FexPro 应用程序设计的基础理论知识。

习　　题

一、选择题

1.Visual FoxPro 数据库文件中的字段有:字符型(C)、数值型(N)、日期型(D)、逻辑型(L)、(　　)(M)等。

A.浮点型　　　　　　B.备注型　　　　　　C.屏幕型　　　　　　D.时间型

2.下列为合法数值型的常量的是(　　)。

A.3.1415E + 6　　　B.08/05/07　　　　C.123 * 100　　　　D.3.1415 + E6

3.下列表达式结果为 .F. 的是(　　)。

A.'33' > '300'　　　　　　　　　　B.'男' > '女'

C.'CHINA' > 'CANADA'　　　　　　D.DATE( ) + 5 > DATE( )

4.若 DATE = '08/12/12',表达式 &DATE 的结果的数据类型是(　　)。

A.字符型　　　　　　B.数值型　　　　　　C.日期型　　　　　　D.不确定

5.在 Visual FoxPro 6.0 中,可以使用的两类变量是(　　)。

A.字段变量和简单变量　　　　　　B.全局变量和局部变量

C.内存变量和字段变量　　　　　　D.内存变量和自动变量

6.在数据表结构中,逻辑型、日期型、备注型字段的宽度分别为(　　)。

A.3,8,10　　　　　　B.1,8,4　　　　　　C.1,8,任意　　　　　D.1,8,10

7.设有变量 string = '2008 年上半年全国计算机等级考试',能够显示'2008 年上半年计算机等级考试'的命令是(　　)。

A.? string – '全国'

B.? SUBSTR(string,1,8) + SUBSTR(string,11,17)

C.? SUBSTR(string,1,12) + SUBSTR(string,17,14)

D.? SUBSTR(string,1,12) + STR(string,11,17)

8.执行下列命令序列:

D1 = CTOD("01/10/2007")

D2 = IIF(YEAR(D1) > 2001,D1,"2001")

? D2

显示的结果是(　　)。

A.01/10/07　　　　　B.2001　　　　　C.D1　　　　　　　　D.错误提示

9.执行下列命令序列：

S1 = "a + b + c"

S2 = " + "

? AT(S1,S2)

? AT(S2,S1)

显示的结果是(　　　)。

A.0　2　　　　　　　B.2　0　　　　　　　C.2　2　　　　　　D.0　0

10.要判断数值型变量 Y 是否能够被 7 整除,错误的条件表达式为(　　　)。

A.MOD(Y,7) = 0　　　　　　　　　　B.INT(Y/7) = Y/7

C.0 = MOD(Y,7)　　　　　　　　　　D.INT(Y/7) = MOD(Y/7)

11.可以参加"与"、"或"、"非"逻辑运算的对象(　　　)。

A.只能是逻辑型的数据

B.可以是数值型、字符型的数据

C.可以是数值型、字符型、日期型的数据

D.可以是数值型、字符型、日期型、逻辑型的数据

12.连续执行以下命令后,主窗口中输出的结果是(　　　)。

SET EXACT OFF

X = 'A'

? IIF('A' = X,X - 'BCD',X + 'BCD')

A.A　　　　　　　　B.ABCD　　　　　　　C.BCD　　　　　　D.ABCD

13.设 N = 123,M = 345,L = "M + N",表达式 1 + &L 的值为(　　　)。

A.1 + M + N　　　　　　B.469　　　　　　C.数据类型不匹配　　　D.346

14.设 A = "123",B = "234",下列表达式中结果为 .F. 的是(　　　)。

A..NOT.(A = = B).OR.(B $ "ABC")　　　B..NOT.(B $ "ABC").AND.(A < > B)

C..NOT.(A < > B)　　　　　　　　　　D..NOT.(A > = B)

二、填空题

1.数组的下标是_____,数组元素的初值是_____。

2.设系统时间日期为 2006 年 9 月 21 日,表达式 VAL(SUBSTR('2006',3) + RIGHT(STR(YEAR(DATE())),2))的值是_____。

3.如果 x = 10,y = 12,表达式(x = y).AND.(x < y)的值是_____。

4.测试当前记录指针的位置可以用函数_____。

5.表达式 LEN(DTOC(DATE())) + DATE()的类型是_____。

6.表达式 2 * 3^2 + 2 * 9/3 + 3^2 的值为_____。

7.关系运算符 $用来判断一个字符串是否_____另一个字符串中。

8.对于一个空数据库,命令? BOF()的执行结果为_____命令;? EOF()的执行结果为_____。

9.Visual FoxPro 有两种变量,即内存变量和_____变量。

10.设当前数据库有 N 条记录,当函数 EOF()的值为.T.时,函数 RECNO()的显示结果为

————。

三、思考题

1.试说明 Visual FoxPro 6.0 的字段类型和常量类型。

2.Visual FoxPro 6.0 定义了哪些类型的运算符? 在类型内部和类型之间,其优先级是如何规定的?

3.举例说明函数返回值的类型和函数对参数类型的要求。

4.Visual FoxPro 6.0 中使用数组是否需要预先定义? 用什么命令定义数组?

第3章 数据库及表的创建

本章重点：Visual FoxPro 中数据库和表的创建与修改，表结构的相关操作。

本章难点：数据库和表的设计。

数据库是相互关联的数据的集合，是存储管理各种对象的容器，这些对象包括：表、表与表之间的关系、基于表的视图和查询及有效管理数据库的存储过程。表是组织数据、建立关系的基本元素。在 Visual FoxPro 中，主要有两种形式的数据表：自由表和数据库表。属于某一数据库的表称为数据库表，不属于任何数据库而独立存在的表称为自由表，两者可以进行相互转换。

本章将介绍数据库、表的基本操作，主要介绍了如何使用命令或项目管理器来创建设计数据库和表，以及表的使用、修改及复制等。

3.1　数据库的创建与修改

3.1.1　创建数据库

在 Visual FoxPro 中，数据库文件的扩展名为".dbc"。该文件并不包含任何数据库表或其他数据库对象，只在其中存储了指向表的路径指针，表或其他数据库对象是独立存放在磁盘上的。

在 Visual FoxPro 中，创建数据库可以有以下几种方法：菜单方式、命令方式和项目管理器方式。

1.菜单方式

(1)在 Visual FoxPro 主菜单下，选择"文件"/"新建"菜单项，或单击"工具栏"上的"新建文件"按钮，弹出如图 3.1 所示的"新建"对话框。

(2)在"新建"对话框中，选择"数据库"选项，单击"新建文件"按钮，弹出如图 3.2 所示的"创建"对话框。

(3)在"创建"对话框的"数据库名："右侧文本框中输入具体的数据库文件名(如：cjglk)，默认数据库名为"数据 1.dbc"。

在图 3.2 中点击"保存"按钮，出现数据库设计器，如图3.3所示。用户可以利用"数据库"菜单或"数据库设计器"工具栏中的命令对新建的数据库进行一系列的操作。如在数据库中新建表文件、添加表文件、修改或移去表文件等操作。

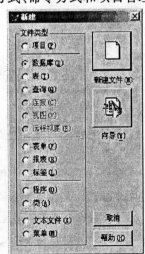

图 3.1　"新建"对话框

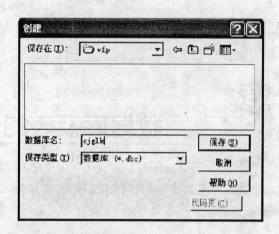

图 3.2 "创建"对话框

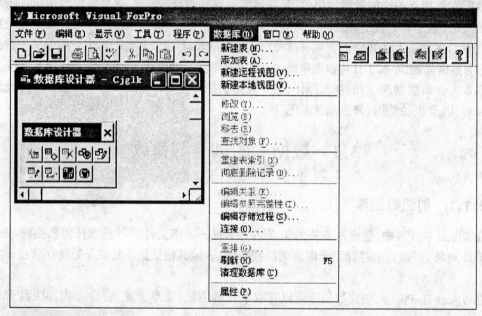

图 3.3 数据库设计器

2.命令方式

格式:CREATE DATABASE [<数据库文件名>|?]

功能:建立一个新的数据库文件并处于打开状态。

说明:

(1)"数据库文件名"是指在已指定的默认目录下,建立的数据库文件,扩展名默认为". dbc"。

(2)若不选择"数据库文件名",或者选择"?",则弹出如图 3.2 所示"创建"对话框。其他操作与菜单方式创建数据库步骤相同。

(3)使用该命令建立数据库后并不打开数据库设计器,只是建立一个新的数据库文件并以独占方式打开,因此当创建一个新的数据库时,不必再使用其他命令打开数据库。若要打开数据库设计器,应使用命令:MODIFY DATABASE。

【例3.1】 在命令窗口使用如下命令创建数据库并打开数据库设计器。

CREATE DATABASE cjglk.dbc   && 创建数据库文件"cjglk"

MODIFY DATABASE   && 打开数据库设计器

【例3.2】 在命令窗口使用如下命令创建数据库。

CREATE DATABASE ?   && 打开"创建"对话框,如图3.2所示

3.项目管理器方式

通过新建或者打开一个已有的项目文件可以打开项目管理器。

(1)在Visual FoxPro主菜单下,选择"文件"/"打开"菜单项,或单击"工具栏"上的"新建文件"按钮,打开"新建"对话框。

(2)在"新建"对话框中,选择"项目"单选项,再单击"新建文件"按钮,弹出"创建"对话框。

(3)在"创建"对话框的"项目文件"右侧文本框输入具体的项目文件名(如xscjgl),默认项目文件名为"项目1.pjx"。

(4)单击"保存"按钮,弹出如图3.4所示的"项目管理器"对话框。

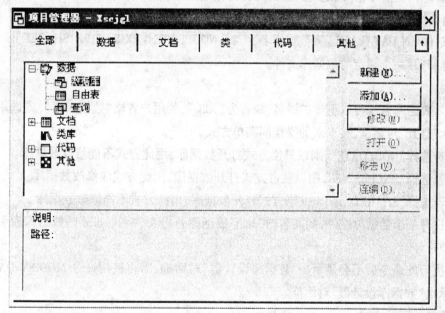

图3.4 "项目管理器"对话框

(5)在"项目管理器"对话框中选择"数据"选项卡,单击右侧"新建"按钮,弹出"新建数据库"对话框,如图3.5所示。

(6)在"新建数据库"对话框中,单击"新建数据库"按钮,弹出"创建"对话框,在其中输入数据库名,单击"保存"按钮。

使用以上3种方式都可以建立一个新的数据库文件,在建立".dbc"文件时,与之相关的还会自动建立一个扩展名为".dct"的数据库备份文件和扩展名为".dcx"

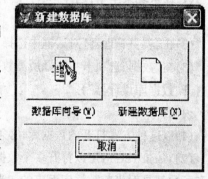

图3.5 "新建数据库"对话框

的数据库索引文件。因此,建立数据库后,用户可以在磁盘上看到文件名相同,但是扩展名分别为 .dbc、.dct、.dcx 的 3 个文件,这 3 个文件是供 Visual FoxPro 数据库管理系统管理数据库使用的,用户一般不能直接使用这些文件。

3.1.2　数据库的打开

在数据库中建立表或使用数据库中的表时,都要先打开数据库。数据库可以单独使用,也可以将它合并成一个项目,用"项目管理器"进行管理。

数据库的打开可以使用菜单方式、命令方式和项目管理器方式。

1.菜单方式

选择"文件"/"打开"菜单项,或单击工具栏上的"打开"按钮📂,弹出"打开"对话框,在"文件类型"右侧框中选择"数据库(＊.dbc)",在"文件名"右侧框中选择要打开的数据库文件名(如成绩管理),然后单击"确定"按钮,即可打开指定的数据库文件。

2.命令方式

格式:OPEN DATABASE [＜数据库名＞ |?][NOUPDATE][EXCLUSIVE|SHARED]

功能:打开一个指定的数据库文件。

说明:

(1)＜数据库名＞可以不带扩展名,缺省为".dbc",若用户省略"数据库名",或选用"?",系统会显示"打开"对话框,接下来的操作同菜单方式。

(2)若选择"NOUPDATE",则以只读方式打开数据库,用此方式不能修改数据库。

(3)若选择"EXCLUSIVE",则以独占方式打开数据库,用此方式能修改数据库。

(4)若选择"SHARED",则以共享方式打开数据库,用此方式不能修改数据库。

(5)打开一个数据库文件,则同名的".dct"数据库备份文件和".dcx"的数据库索引文件也将同时被打开。

(6)执行此命令后不会显示出"数据库设计器"对话框,需再使用命令 MODIFY DATABASE 才能显示出"数据库设计器"对话框。

3.项目管理器方式

(1)在系统菜单中,选择"文件"/"打开"菜单项,在"打开"对话框中选择要打开的项目文件,打开数据库所在"项目管理器"。

(2)在"项目管理器"对话框中选择"数据"选项卡。

(3)在"数据"选项卡中选择所需数据库(如成绩管理),用鼠标双击即可完成打开操作(同时打开"数据库设计器")。

说明:

(1)以这种方式打开的数据库,必须是该项目中的数据库。

(2)Visual FoxPro 可以打开多个数据库,但只能有一个当前数据库,所有作用于数据库的命令和函数都是对当前数据库而言的。当打开多个数据库时,系统默认将最后被打开的数据库作为当前数据库。

3.1.3 数据库的关闭

当数据库使用完后应当将其关闭,以确保数据的安全性。

1.菜单方式

单击 Visual FoxPro 主菜单下"文件"/"关闭"。

2.命令方式

格式:CLOSE DATABASE [ALL]

功能:关闭当前已打开的数据库。

说明:不选择 ALL 选项表示只关闭当前数据库,选择 ALL 选项表示关闭所有已打开的数据库。

3.项目管理器方式

在项目管理器窗口中选择"数据"选项卡,在"数据库"子目录中选择需要关闭的数据库名(如 cjglk),然后单击右侧"关闭"按钮,在"常用"工具栏中的当前数据库下拉列表框中该数据库名消失,同时在"项目管理器"中"关闭"按钮变成"打开"按钮,如图 3.6 所示。

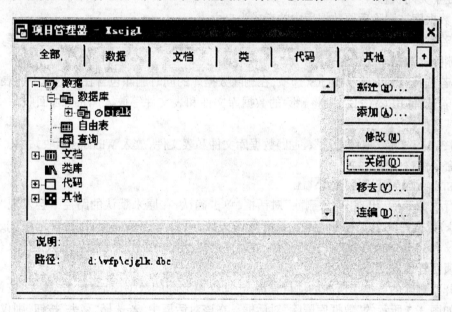

图 3.6 "Xscjgl"项目管理器

3.1.4 数据库的修改

修改数据库是指通过数据库设计器来实现对数据库对象的修改。本节主要介绍修改数据库的几种常用方法。

1.菜单方式

同前面介绍的菜单操作方式打开数据库文件的方法。

2.命令方式

格式:MODIFY DATABASE[<数据库文件名 > l?]

功能:打开数据库设计器修改数据库结构。

说明：

(1) < 数据库文件名 > 是指定要修改的数据库名。

(2) 如果省略 < 数据库文件名 > 或选用"?"，则系统弹出"打开"对话框。

3.项目管理器

在项目管理器中选择要修改的数据库，然后单击右侧"修改"按钮。

3.1.5　数据库的删除

数据库的删除有命令与项目管理器方式有两种。

1.命令方式

格式：DELETE DATABASE [< 数据库文件名 > |?][DELETE TABLES][RECYCLE]

功能：从磁盘上删除一个指定的数据库文件。

说明：

(1) < 数据库文件名 > 是指定要删除的数据库名(可包括文件所在路径)。要删除的数据库必须处于关闭状态。

(2) 数据库被删除后原数据库中的表成为自由表。

(3) 若省略 < 数据库文件名 > 或使用"?"代替数据库名，系统会弹出"打开"对话框，可从中选择要删除的数据库文件名。

(4) 若选择"DELETE TABLES"选项，在删除数据库的同时删除包含在数据库中的表。

(5) 若选择"RECYCLE"，则将删除的数据库文件和表文件等放入 Windows 回收站中，需要时可将其还原。

【例3.3】　删除"成绩管理"(cjglk)数据库文件和表文件，放入 Windows 回收站中。

在命令窗口中输入：

DELETE DATABASE 'cjglk' RECYCLE

执行该命令后，出现"确认删除"对话框，单击确认，在原来默认的路径下会发现"成绩管理"(cjglk)数据库文件已经被删除，要恢复该文件，可打开 Windows 回收站，选中 cjglk.dbc、cjgck.dcx 和 cjglk.dct 三个文件进行还原，在原来的默认路径下出现成绩管理数据库文件。

2.项目管理器

打开要删除的数据库所在的项目管理器，选择要删除的数据库后，单击"移去"按钮，系统将弹出如图 3.7 所示的"数据库删除"对话框。在该对话框中，若选择"移去"按钮，则仅将数据库从项目管理器中移出，但在默认路径下仍然保留该文件;若选择"删除"，则从磁盘上删除选择的数据库文件，但其包含的对象不真正删除。

图 3.7　"数据库删除"对话框

3.2 表的创建与修改

在 Visual FoxPro 中的表可以分为自由表和数据库表两种形式。两者可相互转换,将一个自由表加入数据库,便成为数据库表,将数据库表从数据库中移出,便成了自由表。通常,表只能属于一个数据库,要将一个数据库中的表移到其他数据库,须先使之变成自由表。

3.2.1 表结构设计

一个表文件由表结构和表记录两部分组成。表结构描述了数据存放形式及存放的顺序,是由若干个字段集合构成;表记录是由该表的字段值组成,字段是构成记录的基本单元。因此要创建表首先要设计表的结构并创建表的结构,然后才能向表中输入数据。

设计表的结构就是要确定表所包含的字段及每个字段的参数:字段名、字段类型、字段宽度、小数位数以及是否允许为空等。

1.字段名

字段名(亦称字段变量)是表中字段的名字,必须以汉字、字母或下划线开头,由汉字、字母、数字或下划线组成。自由表的字段名最多为 10 个字符、数据库表中的字段名最多为 128 个字符,当数据库表转化为自由表时截去超长部分的字符。

2.字段类型

字段类型表示该字段中存放数据的类型,即其具有的属性,可选择字符型、数值型、货币型、整型、浮点型、双精度型、日期型、日期时间型、逻辑型、备注型和通用型。

3.字段宽度

字段宽度用来表示该字段允许存放数据的最大字节数,在创建表结构时,应根据字段所存数据的具体情况确定字符型、数值型、浮点型这 3 种字段的宽度,若有小数部分则小数点也占 1 个字节。

4.小数位数

只有数值型和浮点型字段才有小数位数,小数位数至少比该字段的宽度值小 2。

5.是否允许为空

表示是否允许字段接受空值(NULL)。空值是指无确定的值,它与空字符串、数值 0 等是不同的。例如,表示成绩的字段,空值表示没有确定成绩,0 表示 0 分。一个字段是否允许为空值与字段的性质有关,例如,作为关键字的字段是不允许为空值的。参照上述规定,结合学生成绩管理项目(xscjgl.pjx)的具体情况进行分析,设计成绩管理库(cjglk.dbc)中的三个表:学生表(student.dbf)、成绩表(grade.dbf)和课程表(course.dbf)的结构,分别如表 3.1、表 3.2 和表 3.3所示。

表 3.1 student 表结构

字段名	标题	类型	宽度	小数位数	允许为空(NULL)
s_number	学号	字符型	11	——	否
s_name	姓名	字符型	8	——	是
sex	性别	字符型	2	——	是

续表 3.1

字段名	标题	类型	宽度	小数位数	允许为空（NULL）
birthday	出生日期	日期型	8	—	是
department	所在院系	字符型	20	—	是
classname	班级	字符型	20	—	是
speciality	专业	字符型	20	—	是
isparty	是否党员	逻辑型	1	—	是
reward	奖惩	备注型	4	—	是
photo	照片	通用型	4	—	是

表 3.2　grade 表结构

字段名	标题	类型	宽度	小数位数	允许为空（NULL）
s _ number	学号	字符型	11	—	否
c _ number	课程编号	字符型	8	—	否
paper	卷面成绩	数值型	5	1	是
experiment	实验成绩	数值型	5	1	是
grade	总成绩	数值型	5	1	是

表 3.3　course 表结构

字段名	标题	类型	宽度	小数位数	允许为空（NULL）
c _ number	课程编号	字符型	8	—	否
c _ name	课程名称	字符型	5	—	是
credit	学分	数值型	1	—	是
theory	理论学时	数值型	3	—	是
experiment	实验学时	数值型	3	—	是
period	总学时	数值型	3	—	是
term	开课学期	字符型	5	—	是
thepercent	理论成绩百分比	数值型	3	—	是
exppercent	实验成绩百分比	数值型	3	—	是

3.2.2　自由表的创建

1.菜单方式

(1)执行"文件"/"新建"菜单命令,打开"新建"对话框。

(2)选择"表"单选按钮,单击"新建文件"按钮,弹出如图3.8所示的"表创建"对话框。

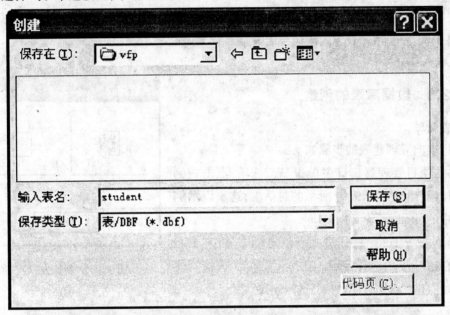

图 3.8　"表创建"对话框

(3)在"表创建"对话框中选择保存路径为"d：\ vfp",输入要建立的表文件名"student.dbf",单击"保存"按钮,弹出如图3.9所示的自由表表设计器,在表设计器中可定义表中各字段的名

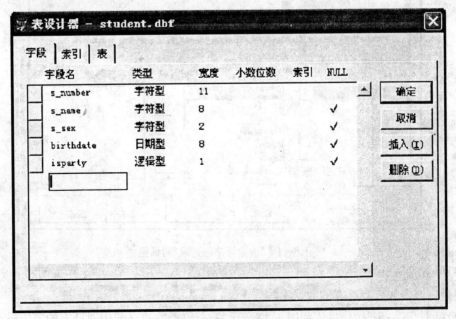

图 3.9　自由表表设计器

称、类型、宽度、小数位数及索引等。在自由表中无法设置字段标题、字段有效性等属性,请注意与数据库表的区别。

2.命令方式

格式:CREATE［表名］

说明:表名是指定要创建的表的名称。输入命令后,按 Enter 键,屏幕上会出现"表设计器"对话框,如图 3.9 所示。在该设计器中即可定义表的结构。

【例 3.4】 利用命令方式创建自由表 student.dbf。

CREATE student

3.2.3 数据库表的创建

1.表向导

使用表向导创建表的步骤如下:

(1)在项目管理器窗口中单击"表"选项,点击右侧"新建"按钮,出现如图 3.10 所示的对话框,这里以示例数据库中的"student"表为例。

(2)单击"表向导"按钮进入表创建向导,如图 3.11 所示。在这一步中选择字段。在"可用字段"选择所需要的字段点击"ᆚ"按钮添加到"选定字段"中。

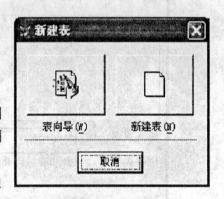

图 3.10 "新建表"对话框

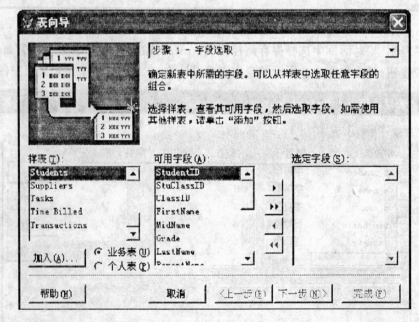

图 3.11 "表向导字段选取"对话框

(3)单击"下一步"按钮进入如图 3.12 所示的对话框。在这一步中选择是创建一个新的自由表还是将该表加入到已有的数据库。

(4)单击"下一步"按钮进入如图 3.13 所示的对话框,在这一步中对已有的字段进行修改。

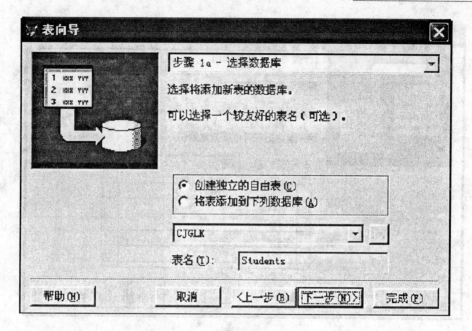

图 3.12　选择相应数据库

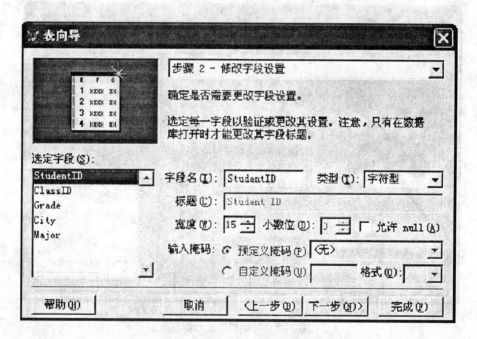

图 3.13　"修改字段设置"对话框

(5)单击"下一步"按钮进入如图 3.14 所示的对话框,在这一步中为表建索引,这里选择 StudentID 作为索引关键字。

(6)单击"下一步"按钮进入如图 3.15 所示的对话框,在这一步中完成表的创建,并选择保存类型。

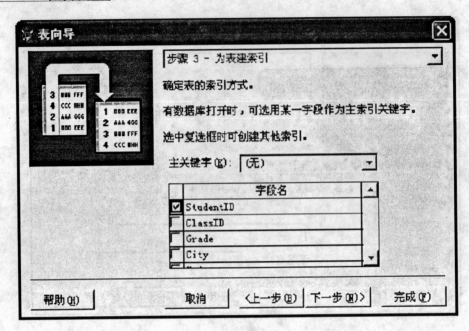

图 3.14 为表建立索引

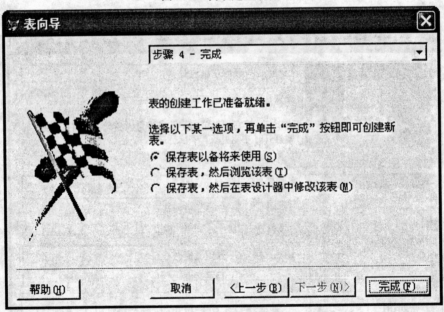

图 3.15 对创建表进行保存

2.表设计器

使用表设计器创建表的步骤如下：

(1)在"新建表"对话框中单击"新建表"按钮,出现如图 3.8 所示的"创建"对话框。

(2)单击"保存"出现如图 3.16 所示的"表设计器"对话框,该对话框含有三个选项卡:字段、索引、表。

其中：

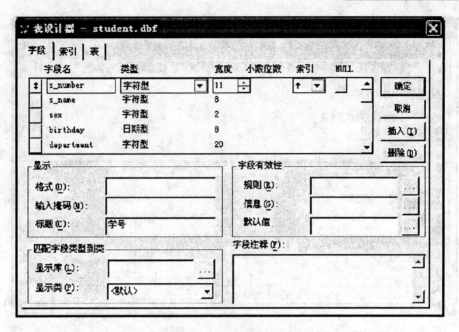

图 3.16 数据库表设计器

① "字段"选项卡中可以输入所有字段信息,包含字段的名称、类型、宽度、小数位数、索引等信息。

② "索引"选项卡供用户为表设定索引。

③ "表"选项卡表明该表的基本信息。

(3)输入完字段信息后单击"确定"按钮,在如图 3.17 所示的对话框中单击"是"按钮表示马上输入数据。

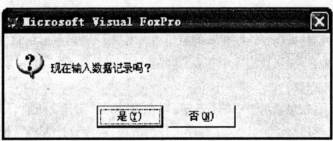

图 3.17 提示对话框

(4)在出现的输入界面中可以输入数据,如图 3.18 所示。

3.数据库设计器

首先在数据库设计器中打开"cjglk.dbc",如图 3.3 所示,然后可以用以下两种方式创建数据库表。

(1)菜单方式。单击数据库设计器工具栏上的"新建表"按钮,出现"创建"对话框,以下的操作与使用项目管理器创建表相同。

(2)命令方式。

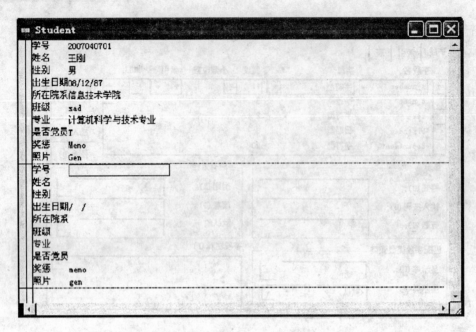

图 3.18　输入数据窗口

格式: CREATE <表名>

例如: CREATE student

【注意】在数据库已打开情况下,此命令打开如图 3.16 所示数据库表设计器。

3.2.4　数据库表的特殊操作

将已有的表添加到数据库后,表的操作不仅可以在表操作环境下进行,同时也可以在数据库操作环境下进行。这些数据库表,在数据库操作环境下不仅可以完成表操作环境的所有操作,而且还有许多特殊的操作。这些特殊的操作给表增加了一些新属性,这些属性将作为数据库的一部分保存起来,当表从数据库中移去,这些属性不再保存。

1.设置字段显示标题

在数据库环境下,若想显示表中的数据,可以在表"浏览"窗口下进行,如果没有设置字段标题,其显示标题是字段名。另外,为了程序设计的方便,程序设计者经常把字段名设计成英文缩写或汉语拼音缩写,同样不能概括清楚数据的属性,给数据浏览带来了很多不便。因此,为了更清晰地显示表中数据的内容,可以定义字段的显示标题。

设置表中字段的显示标题的操作步骤如下:

(1)打开数据库,进入"数据库设计器"窗口。

(2)激活需要设置字段的显示标题的表。

(3)打开"数据库"菜单,选择"修改",进入"表设计器"。

(4)在"表设计器"中,打开"字段"选项卡,选择"显示"框中的标题文本框,输入字段的显示标题,并回车确认,如图 3.19 中的"显示"组合框所示。

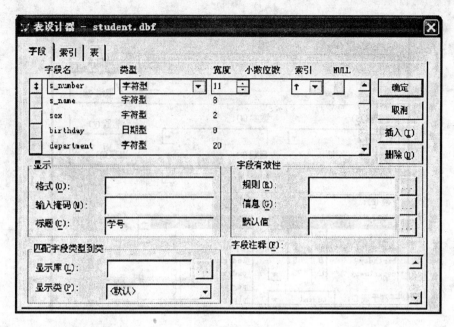

图 3.19 字段显示设置

2.设置字段注释信息

为了提高标题的使用效率及共享性,对字段加以注释,可以提醒自己或其他用户,清楚地掌握字段的属性、意义及特殊用途。

设置表中字段的注释信息的操作步骤如下:

(1)打开数据库,激活要设置字段注释的表,选择"修改",进入"表设计器"。

(2)在"表设计器"中,打开"字段"选项卡,在"字段注释"文本框中,输入字段注释信息,并确认操作,如图 3.19 中的"字段注释"组合框所示。

3.设置字段默认值

为了提高表中数据输入的速度和准确性,可以在向表输入数据前,定义某一字段数据的默认值。

设置表中字段的默认值的操作步骤如下:

(1)打开数据库,激活要设置字段默认值的表,选择"修改",进入"表设计器"。

(2)在"表设计器"中,打开"字段"选项卡,选定要设置默认值的字段,输入字段的默认值,并确认操作,如图 3.19 中的"字段有效性"组合框所示。

4.设置字段有效规则

为了提高表中数据输入的速度和准确性,除了定义字段的默认值外,还可以定义字段的有效规则。

设置表中字段的有效规则的操作步骤如下:

(1)打开数据库,激活要设置字段有效规则的表,选择"修改",进入"表设计器"。

(2)在"表设计器"中,打开"字段"选项卡,选定要设置有效规则的字段,单击"规则"后面的按钮,进入"表达式生成器"对话框,如图 3.20 所示。

(3)在"表达式生成器"对话框中,输入条件表达式,用以验证字段的有效性,再单击"确定"按钮,返回"表设计器",并确认操作。

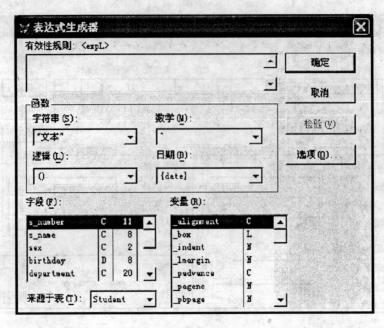

图 3.20 表达式生成器

5. 设置表注释信息

给表设置注释信息,一方面是为了更方便地掌握字段的属性、意义及特殊用途,另一方面是方便用户了解表中数据的内容,以及提供对表进行操作时需要说明的信息。

设置表的注释信息的操作步骤如下:

(1)打开数据库,激活需要设置注释的表,选择"修改",进入"表设计器"。

(2)在"表设计器"对话框中,打开"表"选项卡,在"表注释"文本框中输入注释信息,并确认操作,如图 3.21 所示。

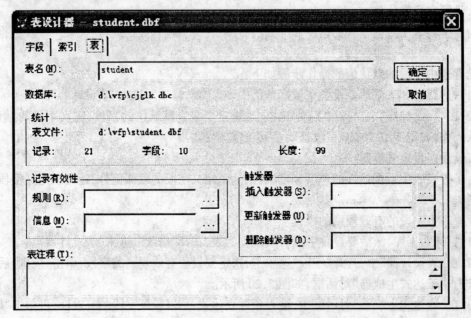

图 3.21 设置表注释

6.设置记录有效规则

设置记录的有效规则,以约束录入或修改记录时数据的正确性。记录有效规则是在整条记录输入完毕才开始验证的。

设置表中记录的有效规则的操作步骤如下:

(1)打开数据库,激活需要设置记录有效规则的表,选择"修改",进入"表设计器"。

(2)在"表设计器"对话框中,打开"表"选项卡,如图3.21所示,单击"规则"后面的按钮,进入"表达式生成器"对话框。

(3)在"表达式生成器"中,输入条件表达式,用于验证记录的有效性,再单击"确定"按钮,返回"表设计器",并确认操作。

7.设置表触发器

触发器中参数的设置,可以增加表的特殊属性,它是对表中记录进行插入、更新和删除操作有效性的检验。设置了更新触发器后,表中记录一旦要更新,更新触发器就被激活,它将检验记录更新的有效性。插入触发器和删除触发器则是控制插入、删除记录的有效性的。

设置表的触发器的操作步骤如下:

(1)打开数据库,激活需要设置触发器的表,选择"修改",进入"表设计器"。

(2)在"表设计器"对话框中,打开"表"选项卡,再单击"触发器"后面的按钮,进入"表达式生成器"对话框。

(3)在"表达式生成器"中,输入条件表达式,输入插入、更新或删除的约束条件,单击"确定"按钮,返回"表设计器",并确认操作。

3.2.5 自由表与数据库表的相互转化

1.自由表转换成数据库表

自由表向数据库表的转换有以下两种方法。

(1)在项目管理器中,选中"表"选项,单击"添加"按钮,出现"打开"对话框,选择要添加的表文件,单击"确定"按钮即可。

(2)在数据库设计器中,执行"添加"命令,出现"打开"对话框,选择要添加的表文件,单击"确定"按钮即可。

【例3.5】 将自由表student转换成数据库表。

操作步骤:打开项目"学生成绩管理",选择"表"选项,单击"添加"按钮,出现"打开"对话框,选择要添加的表文件"student.dbf",单击"确定"按钮。

2.数据库表转换成自由表

数据库表向自由表的转换有以下两种方法。

(1)在项目管理器中,展开数据库节点,在cjglk节点下,选中"student"表,单击"移去"按钮,出现如图3.22所示的"移去"对话框。

(2)打开数据库设计器,如图3.23所示,右击要移去的表,在快捷菜单中选择"移去"菜单项,弹出"移去"对话框。

"移去"和"删除"按钮的作用分别介绍如下。

(1)移去将数据库表转换成自由表,表文件失去了数据库表的一些属性。

(2)删除将表文件删除,释放磁盘空间。

图 3.22 "移去"提示对话框

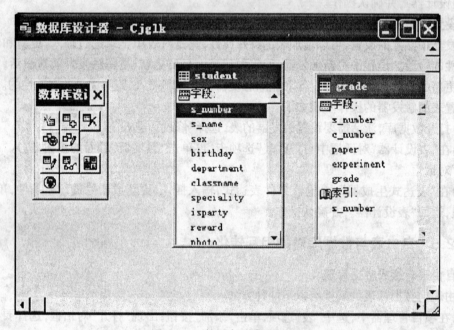

图 3.23 "数据库设计器"窗口

3.2.6 表的打开与关闭

1.打开表文件

如果要对一个保存在磁盘上的表文件进行操作,则首先必须打开这个表文件。可以简单地将打开表文件看做将其从磁盘调入内存,为读写表数据做好准备。打开表文件的方式可以通过菜单方式和命令方式。

(1)菜单方式。

① 单击 Visual FoxPro 主菜单下"文件"/"打开",进入"打开"对话框。

② 在"文件类型"下拉框中选定"表(* .dbf)",在"查找范围"下拉框中选定表文件所在文件夹。

③ 选定要打开的表文件,单击"确定"。

(2)命令方式。

格式:USE [< 表文件名 > | ?]

功能:打开或关闭指定的数据表文件。

说明：

① <表文件名>是指定要打开的表文件名(可包括文件所在路径)。

② 若选择"?"，系统会弹出"使用"对话框，询问要打开的表文件名及其存放位置，选定后，系统就将该数据表打开。

③ 若打开的表文件有备注型或通用型字段，则自动打开同名的.FPT文件。

【例3.6】　打开学生基本表student.dbf。

USE student

2.关闭表文件

对表文件操作结束之后应及时关闭，即将已打开的表文件存盘。从数据的安全性和完整性考虑，关闭表是十分重要的操作。关闭表文件的方法有以下几种。

(1)USE命令。

格式：USE

功能：关闭当前工作区打开的数据表文件。

(2)CLOSE命令。

格式1：CLOSE TABLES [ALL]

功能：关闭当前数据库中的表，若无打开的数据库，则关闭所有的自由表。选择ALL表示关闭所有打开的数据库表，关闭所有的自由表。

格式2：CLOSE DATABASES [ALL]

功能：关闭当前数据库及其中的表，若无打开的数据库，则关闭所有的自由表。选择ALL表示关闭所有的数据库及其中的表，关闭所有的自由表。

格式3：CLOSE [ALL]

功能：关闭所有打开的数据库与表，关闭当前打开的表单设计器、查询设计器、报表设计器、项目管理器。

(3)CLEAR命令。

格式：CLEAR ALL

功能：关闭所有打开的表，释放所有内存变量及用户定义的菜单和窗口。

(4)单击"窗口"菜单中"数据工作期"命令，进入"数据工作期"窗口，选定需要关闭的数据表文件，单击"关闭"按钮。

(5)QUIT命令。

格式：QUIT

功能：关闭所有文件，并退出Visual FoxPro。

3.2.7　表结构的修改

1.使用表设计器

执行"显示"/"表设计器"菜单命令，在其中可以修改表结构。

2.命令方式

格式：MODIFY STRUCTURE

功能:打开表设计器,修改当前表的结构。其具体修改操作可参照使用表设计器建表过程。

3.2.8 表的删除

有些表创建之后不再需要,就要对表文件进行删除,根据表的属性,自由表和数据库表的删除操作略有不同。

1.自由表的删除

格式:DELETE FILE [表文件名|?]

功能:将指定的表文件从磁盘上删除。

说明:

(1)表的文件名不能包含通配符,文件扩展名不能省略。

(2)要删除的表文件如果不是在默认路径下,则文件名应指定路径。

(3)如果删除的表文件存在与之相关的备注文件和索引文件,则使用文件名的通配符可同时删除这些文件。

(4)被删除的表文件应该保证该表文件是处于关闭状态的。

(5)若不指定文件名或使用"?"系统会弹出"删除"对话框,选择要删除的表文件路径、文件类型及文件名后,单击"删除"按钮,即可完成删除操作。

2.数据库表的删除

若要删除数据库表,则首先将表从数据库中移去,然后用删除自由表的方法进行删除,移去数据库表的命令如下。

格式:REMOVE TABLE [表文件名|?] [DELETE][RECYCLE]

功能:从当前数据库中移去一个表。

说明:

(1)表文件名:准备从数据库中移去的表文件名。

(2)选择"?"将出现"移去"对话框,从中选择一个要从当前数据库中移去的表。

(3)选择"DELETE",在移去数据库表的同时,从磁盘上删除文件。选项"RECYCLE"在移去数据库表的同时,不会立即从磁盘上删除文件,而是放入回收站中。

3.在项目管理器中删除表

在项目管理器中选择需要删除的表,单击"移去"按钮,出现一个"选择"对话框,若单击"移去"则将文件移出项目,若单击"删除",则将表文件从磁盘上删除。如果使用菜单,在系统主菜单中选择"项目"/"移去文件"菜单项,随后的操作步骤同"数据库表的删除"一样。

小　　结

通过本章的学习,读者应熟练掌握 Visual FoxPro 数据库和表的创建和修改,以及数据表的基本操作,包括数据表的打开与关闭,表结构的修改、删除和复制。同时还需要掌握字段约束的设计、表的约束设计等知识。

习　题

一、选择题

1. 扩展名为".dbc"的文件是(　　)。

A. 表单文件　　　　　B. 数据库表文件　　　C. 数据库文件　　　　　D. 项目文件

2. 一个数据库名为 student,要想打开该数据库,应使用命令(　　)。

A. OPEN student　　　　　　　　　　B. OPEN DATA student

C. USE DATA student　　　　　　　　D. USE student

3. 下述命令不能关闭数据表的是(　　)。

A. USE　　　　　　　　　　　　　　B. CLOSE DATABASE

C. CLEAR　　　　　　　　　　　　　D. CLEAR ALL

4. 当前工作区打开的表文件为:"score.dbf",共 100 条记录,以下选项中一定生成一空数据表文件的命令是(　　)。

A. SORT TO 成绩　　　　　　　　　　B. COPY TO 成绩

C. COPY STRUCTURE TO　　　　　　　D. COPY STRUCTURE EXTENDED TO 成绩

5. 下列关于数据库操作的说法中,不正确的是(　　)。

A. 数据库被删除后,它所包含的数据表并不随之被删除

B. 打开了新的数据库,原来已打开的数据库并没有关闭

C. 数据库被关闭后,它所包含的数据表不能被打开

D. 数据库被删除后,它所包含的数据表可以变成自由表

二、填空题

1. Visual FoxPro 中的表分为_____和_____,扩展名均为_____。

2. 新建数据库的命令是_____,打开数据库的命令是_____,关闭数据库的命令是_____。

3. Visual FoxPro 中扩展名为".dbc"的文件是_____。

4. 使数据库表变为自由表的命令是_____。

5. 复制生成"teacher.dbf"的副本"teachcpy.dbf"的命令是_____。

三、设计题

参照本书提供的"学生成绩管理"项目,在该项目中建立"cjglk"成绩管理数据库,在该库中建立 student 表、course 表及 grade 表。表结构的定义参照本章中表 3.1、表 3.2 和表 3.3。

第4章 表数据的维护

本章重点:对表中的数据进行操作和维护,包括记录的添加、删除、修改、查询、索引、统计汇总、建立关系和设置参照完整性等。

本章难点:索引的创建及使用。

4.1 表的基本操作

在上一章中创建了数据库及相关的表,这一章将学习怎样对表中的数据进行操作和维护。

4.1.1 表记录的添加

添加记录也是维护数据库的一项经常性的操作。添加记录包括插入记录、追加记录和利用其他文件追加等几种方法。

1.插入记录

格式:INSERT [BLANK] [BEFORE]

功能:在当前表文件的指定位置插入新记录或空记录。

说明:

(1)若不选择任何选项,则可以在当前记录的后面插入一条记录。

(2)若选择"BEFORE"选项,则在当前记录的前面插入一条记录。

(3)若选择"BLANK"选项,则在当前记录的前面(当同时选了"BEFORE"时)或后面(当同时不选"BEFORE"时)插入一条空白记录,然后再用 EDIT、CHANGE 或 BROWSE 命令编辑修改空记录的值,或用 REPLACE 命令直接替换其值。

【例4.1】 在 student 表中增加记录。

USE student	&& 打开 student 表文件
GO 3	&& 指针记录指向第三条记录
INSERT BEFORE BLANK	&& 新增的记录变成3号记录,原3号记录变成4号, 4号变成5号,以此类推

2.追加记录

格式:APPEND [BLANK]

功能:在当前表文件的末尾追加一条或多条记录。

说明:

(1)如果当前没有打开的表,则系统弹出"打开"对话框,用户从中指定表文件。

(2)当执行"APPEND"命令后,弹出如图4.1所示的记录编辑窗口。在此窗口中用户可以输入数据。

(3)若选用"BLANK"选项,则直接在表的末尾追加一条空记录,而不进入记录编辑窗口。

(4)"APPEND"命令是在当前表的末尾增加新记录,而"INSERT"命令可以在指定位置增加新记录。两条命令的屏幕操作方式是相同的。

图4.1 记录编辑窗口

【例4.2】 在 student 表末尾增加记录。

操作如下:

USE student

APPEND

或:

GO BOTT

INSERT

除了前面两种方式外,Visual FoxPro 还允许用户利用其他文件进行数据追加。此类文件有表文件和文本文件,下面分别介绍。

(1)从另一个表文件中追加记录。

格式:APPEND FROM <文件名> [[FIELDS] <字段名表>][FOR <条件>]

功能:将指定文件(源文件)中的数据添加到当前表文件的尾部。

说明:

① <文件名>指源文件的名字。若没有给出扩展名,则系统认定为".dbf"。

② 若给出"FIELDS <字段名表>"选项,则只追加 <字段名表> 中包含的字段。若不选,则追加所有字段。

③ FOR <条件>是对源文件记录追加进行条件限制。

追加记录时采用同名原则,即将源表文件中的字段与当前表的字段进行比较,同名则将符合条件的记录追加过来。若源表文件中缺少某些字段,则当前表中该字段值为空。

追加记录时,若两个表文件的同名字段的宽度不相同,一般情况下,若当前表的字段宽度大于源表文件的字段宽度,记录能正常追加。在字符型数据后面加空格,在数值型数据前面加"0"。如果当前表的字段宽度小于源表文件的字段宽度,记录则不能正常追加。对字符型数据来说,后面多余的字符将丢失;对数值型数据来说,将按照当前表的字段进行小数部分的四舍五入,若仍不够,则根据当前表的宽度用"*"号填充,表示溢出。

(2)从文本文件中追加记录。

格式:APPEND FROM <文件名 | ? > [FIELDS <字段名表>][FOR <条件>]

[[TYPE]SDF | DELIMITED[WITH TAB | WITH < > | WITH BLANK]]

功能:从指定类型的文件(源文件)中读入数据添加到当前表尾的尾部。

说明:

① "文件名"是指定获取数据的文件名,可以是扩展名为".txt"的文本文件,也可以是 Excel 或其他类型的数据文件。

②"文件类型"选"SDF"或"DELIMITED",取决于源文件的格式。

③ 源文件中的数据与当前表字段类型、顺序和长度要一致。

还可以利用菜单方式实现文件追加记录,具体步骤如下:

① 打开被追加数据的表文件。

② 在系统菜单"显示"中选择"浏览"命令。

③ 再选择"表"/"追加记录"菜单项,弹出如图 4.2 所示的"追加来源"对话框。

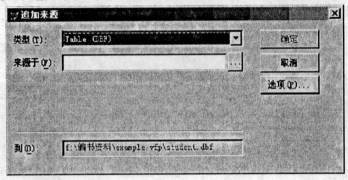

图 4.2 "追加来源"对话框

④ 单击"类型"下拉按钮选择追加记录的数据文件的类型,在"来源于"文本框中输入数据来源文件的路径和文件名,或单击后面的按钮 …… ,弹出"打开"对话框来选择文件。

⑤单击"选项"按钮,弹出如图 4.3 所示的"追加来源选项"对话框,从中设定"字段"、"For",单击"确定"按钮后返回到"追加来源"对话框。

⑥单击"确定"按钮,完成追加操作。

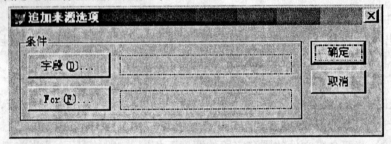

图 4.3 "追加来源选项"对话框

4.1.2 记录的显示与浏览

有三种方式可以显示表中的记录,分别是:命令方式、菜单方式和项目管理器方式。

1.命令方式

格式:LIST | DISPLAY [[FIELDS] < 表达式表 >][< 范围 >][FOR < 条件 >]

[WHILE < 条件 >][TO PRINTER[PROMPT] | TO FILE < 文件名 >][OFF]

功能:将当前表文件的记录按照指定的选项进行显示。

说明:

(1)FIELDS < 表达式表 > :指定要显示的表达式。表达式可以直接使用字段名,也可以是含有字段名的表达式,甚至是不含字段的任何表达式。如果省略,则显示表中所有字段的值,但不显示备注型和通用型字段的内容。FIELDS 关键词可以省略。

(2)范围:有四种表示方法,分别是 ALL(所有记录)、NEXT N(从当前记录开始,取 N 条记录,包括当前记录)、RECORD N(第 N 条记录)和 REST(当前记录到最后一条记录)。

(3)FOR＜条件＞和 WHILE＜条件＞:若选定 FOR 子句,则显示满足条件的所有记录。若选定 WHILE 子句,显示从指定范围内的首记录开始直到条件不成立时为止的所有记录,即使后面还有满足条件的记录也不再显示。

(4)DISPLAY 和 LIST 命令功能相似,数据的输出形式也完全相同,它们之间的不同之处在于:如果记录内容超过一个屏幕,DISPLAY 每显示一屏就暂停一次,按任意键显示下一屏幕,而 LIST 命令则不暂停,而是继续滚动显示直到所有内容都显示完。

(5)如果同时缺省"范围"和"条件"子句,DISPLAY 命令只显示当前记录,而 LIST 命令则是取默认值 ALL。

(6)若选 OFF,则只显示记录内容而不显示记录号,否则显示记录号和记录内容。

(7)若选择"TO PRINTER"子句,则一边显示一边打印。若包括 PROMPT 命令,则在打印前显示一个对话框,用于设置打印机,包括打印份数、打印的页码等。

(8)若选择 TO FILE＜文件名＞,则在显示的同时将记录输出到指定的文本文件中。

【例 4.3】 根据 student 表,写出进行如下操作的命令。

显示前 5 条记录。

显示所有党员男学生的记录。

根据要求,实现命令分别如下:

```
LIST NEXT 5
DISPLAY ALL FOR SEX="男"AND ISPARTY=.T.
LIST S_NUMBER,S_NAME,YEAR(DATE())-YEAR(BIRTHDAY),DEPARTMENT FOR SEX="女"
```

2.菜单方式

首先打开需要显示的表文件,选择主菜单"显示"/"浏览"菜单项,弹出如图 4.4 所示的"记录浏览"窗口,显示当前表中的记录。这时还可以使用"显示"菜单中的"浏览"或"编辑"命令来改变显示方式。

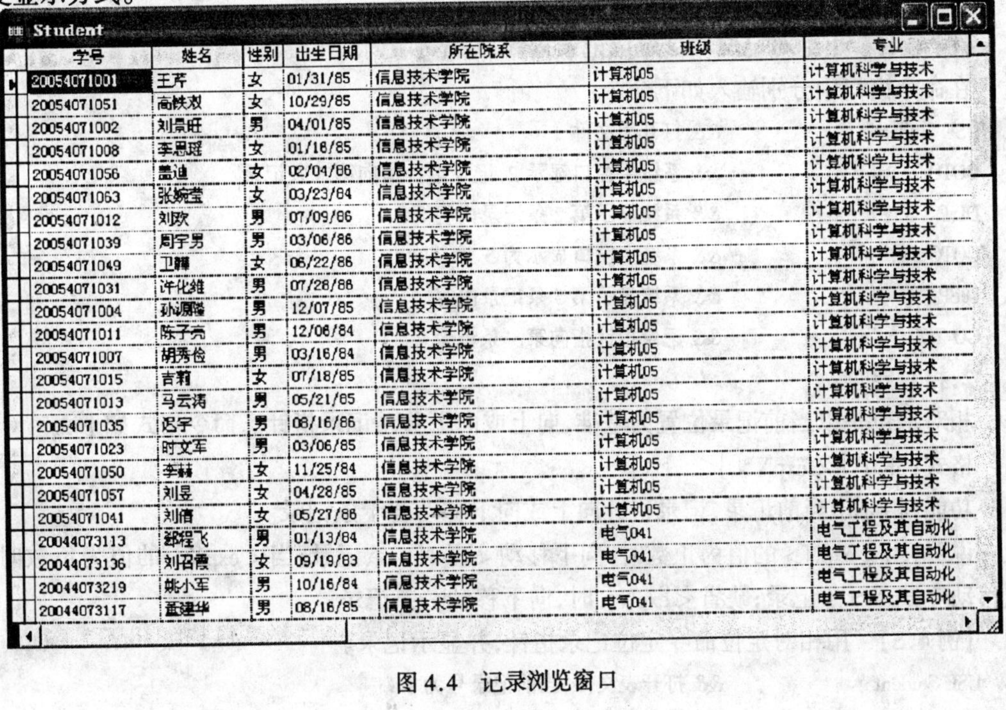

学号	姓名	性别	出生日期	所在院系	班级	专业
20054071001	王芹	女	01/31/85	信息技术学院	计算机05	计算机科学与技术
20054071051	高轶淑	女	10/29/85	信息技术学院	计算机05	计算机科学与技术
20054071002	刘景旺	男	04/01/85	信息技术学院	计算机05	计算机科学与技术
20054071008	李思瑶	女	01/16/85	信息技术学院	计算机05	计算机科学与技术
20054071056	盖迪	女	02/04/86	信息技术学院	计算机05	计算机科学与技术
20054071063	张婉莹	女	03/23/84	信息技术学院	计算机05	计算机科学与技术
20054071012	刘欢	男	07/09/86	信息技术学院	计算机05	计算机科学与技术
20054071039	周宇男	男	03/06/86	信息技术学院	计算机05	计算机科学与技术
20054071049	卫韡	女	06/22/86	信息技术学院	计算机05	计算机科学与技术
20054071031	许化维	男	07/28/86	信息技术学院	计算机05	计算机科学与技术
20054071004	孙源璐	男	12/07/85	信息技术学院	计算机05	计算机科学与技术
20054071011	陈子亮	男	12/06/84	信息技术学院	计算机05	计算机科学与技术
20054071007	胡秀俭	男	03/16/84	信息技术学院	计算机05	计算机科学与技术
20054071015	吉莉	女	07/18/85	信息技术学院	计算机05	计算机科学与技术
20054071013	马云涛	男	05/21/85	信息技术学院	计算机05	计算机科学与技术
20054071035	迟宇	男	08/16/86	信息技术学院	计算机05	计算机科学与技术
20054071023	时文军	男	03/06/85	信息技术学院	计算机05	计算机科学与技术
20054071050	李赫	女	11/25/84	信息技术学院	计算机05	计算机科学与技术
20054071057	刘昱	女	04/28/85	信息技术学院	计算机05	计算机科学与技术
20054071041	刘倩	女	05/27/86	信息技术学院	计算机05	计算机科学与技术
20044073113	郜程飞	男	01/13/84	信息技术学院	电气041	电气工程及其自动化
20044073136	刘召霞	女	09/19/83	信息技术学院	电气041	电气工程及其自动化
20044073219	姚小军	男	10/16/84	信息技术学院	电气041	电气工程及其自动化
20044073117	孟建华	男	08/16/85	信息技术学院	电气041	电气工程及其自动化

图 4.4　记录浏览窗口

3.利用项目管理器

在项目管理器中,选中需要显示的表文件,单击"浏览"按钮,或选择主菜单中的"显示"/"浏览"菜单项,弹出的"记录浏览"窗口内同样显示当前表中的记录。

4.1.3 记录指针的定位

表中的记录号用于表示数据记录在表文件中的物理顺序。表的记录指针,是一个指示器,用以指示当前被操作处理的记录,即当前记录。如果要对某条记录进行处理,必须移动记录指针,使其指向该记录。

表刚打开时,即使是空表,记录指针都自动指向记录号为 1 的记录,以后随着命令的执行,指针指向的记录也可随之改变,但也有些命令不影响记录指针的移动。所谓表的记录指针的定位,是指根据操作需要来移动表的记录指针。

表的记录指针的定位有绝对定位、相对定位和查询定位。这里先介绍绝对定位和相对定位。查询定位在后面的查询里将作详细的介绍。

1.绝对定位

绝对定位是指不管当前记录指针定位在哪里,将记录指针绝对地移动到指定记录号、表的首(末)记录上。命令格式如下:

格式 1:[GO[TO]] < expN/记录号 >

功能:将记录指针移到第 expN 条记录。

格式 2:GO[TO] TOP

功能:将记录指针移到当前表的首记录。

格式 3:GO[TO] BOTTOM

功能:将记录指针移到当前表的末记录。

【例 4.4】 用绝对定位命令定位记录指针,并显示记录。

在命令窗口中分别输入如下命令:

USE Student	&& 打开表文件
GOTO 2	&& 系统主窗口显示 2,记录指针指向第二条记录
DISP	&& 系统显示第 2 条记录内容
GOTO 5	&& 系统主窗口显示为 5
DISP	&& 系统显示第 5 条记录内容
GO TOP	&& 记录指针指向第一条记录

2.相对定位

相对定位是以当前记录位置为基准,向上或向下移动记录指针。命令格式如下:

格式:SKIP [< expN >]

功能:相对于当前记录,记录指针向上或向下移动若干条记录。

说明:当 < expN > 的值为正数时,向下移动 < expN > 条记录;当 < expN > 的值为负数时,向上移动 < expN > 条记录;缺省 < expN > 时,向下移动一条记录。

【例 4.5】 用相对定位命令定位记录指针,并显示记录。

USE Student	&& 打开表文件,当前记录号为 1

SKIP 6	&& 记录指针指向第 7 条记录(从第 1 条记录相对向下跳转 6 条记录)
DISP	&& 系统显示第 7 条记录内容
SKIP - 3	&& 记录指针指向第 4 条记录
DISP	&& 系统显示第 4 条记录内容

4.1.4　记录的修改

对数据记录的修改、编辑和更新是表的维护过程中最主要的工作。Visual FoxPro 提供了 EDIT、BROWSE 和 CHANGE 命令供用户以交互方式修改记录数据,并提供 REPLACE 命令对记录数据作有规律的成批修改。

1. 编辑修改

格式:EDIT | CHANGE [< 范围 >][FOR < 条件 >][WHILE < 条件 >][FIELDS < 字段表 >]

功能:弹出编辑窗口,以交互编辑方式对记录进行修改。

说明:除了命令动词之外,这两条命令的格式和功能完全一样。

2. 浏览修改

(1)命令方式。

格式:BROWSE　[FIELDS < 字段表 >][LOCK < expN >][FREEZE < 字段名 >][NOAPPEND]

[NOMODIFY]

功能:打开浏览窗口,在显示当前表数据的同时允许用户对其中的数据进行修改。

说明:

① 本命令与执行“显示”/“浏览”的效果是一样的,都将弹出浏览窗口并显示出当前打开的数据表内容。

② 若选择“NOAPPEND”短语则禁止追加记录。

③ 若选择“NOMODIFY”短语,则只供浏览数据表,而禁止修改表中的任何内容。

④ 若选择“LOCK < expN > ”短语,则将锁定窗口左端的 < expN > 个字段,使得当窗口内容向右滚动时仍能显示这些字段的内容。

⑤ 若选择“FREEZE < 字段名 > ”短语,将使光标冻结在指定的字段上,用户仅能对该字段进行修改。

【例 4.6】　BROWSE 应用示例。

USE Student

BROWSE	&& 浏览并修改 Student 表中的所有记录
BROWSE LOCK 2	&& 浏览并修改 Student 表中的所有记录,但锁定左端两列
BROWSE FREEZE s _ name	&& 浏览 Student 表中的所有记录,但仅能修改 s _ name 列
BROWSE NOAPPEND	&& 浏览 Student 表中的所有记录,但不能追加新记录
USE	

上例中,执行 BROWSE LOCK 2 命令后出现的浏览窗口如图 4.5 所示,此时若水平滚动右侧窗格的字段内容,可保持左侧窗口显示的内容不变。

(2)菜单方式。

首先打开要编辑浏览的表文件(如“student 表”),然后选择主菜单中的“显示”/“浏览”菜单

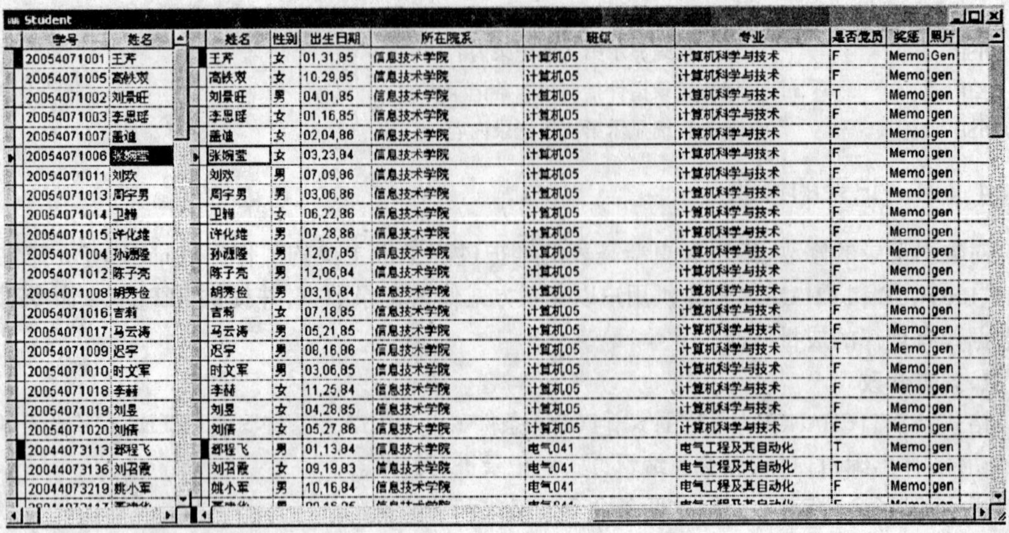

图 4.5　左端字段锁定后的浏览窗口

项,弹出如图 4.4 所示"浏览编辑"窗口。

可用键盘的翻页键"PgUp"、"PgDn"或者鼠标单击浏览窗口的滚动条来查看未出现在窗口中的信息。对于备注型字段和通用型字段,用鼠标双击 Gen 和 Memo 或光标定位在其上面,按 Ctrl + PgDn 键可看到该字段的内容。

浏览窗口中的数据有浏览和编辑两种显示方式。

① 浏览方式每行显示一个记录,可以同时看到多个记录。

② 编辑方式每行显示一个字段,一条记录的所有字段都显示完后再显示第二条记录的字段。可以用系统菜单"显示"中的"编辑"命令(在浏览方式时)或"浏览"命令(在编辑方式时)在两种方式间切换,如图 4.6 所示。

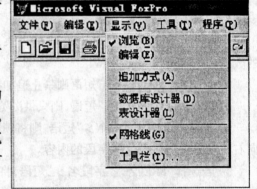

图 4.6　显示方式的切换

3.浏览窗口的分割与同步

在浏览窗口中可以把浏览窗口分割为两个窗口,浏览窗口左下角有一个黑色方块,可用于窗口的分割。用鼠标按住并向右拖动小方块,便可把窗口分为两个窗口。

两个分区显示的内容相同,分区的显示方式可根据需要任意设置。光标所在分区称为活动分区,当前的编辑在活动分区中进行。单击分区可使它成为活动分区,"表"菜单项中的切换分区命令也用于改变活动分区。图 4.7 中显示出了同时以两种不同方式显示表内容的窗口,左边为浏览方式,右边为编辑方式。

两个分区是同步的,当在一个分区选定某条记录时,另一分区中也会显示该记录。同一记录可以在两个分区内同时看到。在系统菜单中选择"表"/"链接分区"可解除这种同步,重新在该命令前打"√"后,又能恢复同步。

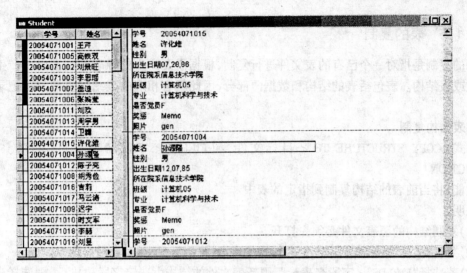

图 4.7　浏览和编辑方式的同步

4.替换修改命令

格式:REPLACE < 字段 1 > WITH < 表达式 1 > [ADDITIVE] [, < 字段 2 > WITH < 表达式 2 > …] [< 范围 >][FOR < 条件 >][WHILE < 条件 >]

功能:对指定范围内符合条件的记录,用指定 < 表达式 > 的值替换指定 < 字段 > 的内容。

说明:

(1)该命令执行时并不出现浏览窗口或编辑窗口,只在系统内部用指定表达式的值替换指定字段的内容。

(2)同时缺省范围子句和条件子句时,仅对当前记录进行替换。

(3)"ADDITIVE"只适合用于替换备注型字段的内容。若用"ADDITIVE",则表达式的值将附加到备注型字段原来内容的后面;否则表达式的值将覆盖原来备注型字段的内容。

(4)该命令有计算功能,系统会先计算出表达式的值然后再将该值赋给指定的字段。要注意的是:表达式的数据类型必须与被替换字段的数据类型一致。

(5)可以在一条命令中同时替换多个字段的值。

【例 4.7】　写出满足如下要求的命令。

(1)将 student 表中的 6 号记录的出生日期修改为 1982 年 12 月 25 日。

(2)将 grade 表中的 paper 字段值都加 1。

操作(1):

```
USE student
GO 6
REPLACE birthday WITH {^1982 – 12 – 25}
```

操作(2):

```
USE grade
REPLACE ALL paper WITH paper + 1
BROWSE
USE
```

4.1.5 表的复制

表的复制是指对一个已有的表文件进行复制,根据需要产生的源表的副本以及产生各种新的表或表结构。表包括表的结构和数据两部分,因此就有相应的表结构复制和表记录的复制。

1.表结构复制

格式:COPY STRUCTURE TO <目标文件> [FIELDS <字段名表>][[WITH] CDX | PRODUCTION]

功能:将当前表的结构复制到指定的表中。

说明:

(1)复制结构的源表文件必须先打开。

(2)"目标文件"表示复制后产生的新表的表名,复制后只有结构,没有记录。

(3)若选择"FIELDS <字段名表> ",则新表文件的结构由选定字段构成,否则选择当前表文件的全部字段。

(4)选择"[WITH] CDX"和"[WITH] PRODUCTION"的功能相同。当源表中有一个结构复合索引文件时,可以使用这两项中的任意一项,该命令会自动为新表建一个结构复合索引文件,它与源表的结构复合索引文件有相同的标识和索引表达式。

2.表记录的复制

记录的复制是指将已有的一个表文件中的全部字段、记录或部分字段、记录复制到指定的表文件中。

格式:COPY TO <目标文件> [FIELDS <字段名表>][<范围>][FOR <条件>]
[[TYPE]SDF | DELIMITED | XLS][WITH <定界符> | BLANK]

功能:将当前表中的数据与结构同时复制到指定的表文件中,此命令还可以将当前表复制生成一个其他格式的数据文件。

说明:

(1)"目标文件"表示复制后产生的新表的文件名。

(2)若选择"FIELDS <字段名表> ",则新表文件的结构由选定字段构成,否则选择当前表文件的全部字段。

(3)"范围"和"FOR <条件> "的含义同上。省略这两个子句时,则复制表的所有记录。

(4)复制含有备注型字段的表时,如果指定要复制该备注型字段,则在复制表的同时,复制相应的备注文件。

(5)若选择"SDF"或"DELMITED",则将当前表复制成指定的文本文件,默认扩展名为".txt"。其格式由"SDF"和"DELIMITED"决定。

(6)SDF:复制为 SDF(System Data Format)格式的 ASCII 文本文件,记录定长,不用分隔符和定界符,每个记录均从头部开始存放,均以回车符结束。

(7)DELIMITED:复制为带分割符的 ASCII 文本文件。

(8)XLS:复制为 Excel 文件,该文件只能在 Excel 中打开。

【例 4.8】 对 student 表进行复制操作,并分析目标文件的类型。

(1)将男生记录复制到 new1.dbf 中;将包含 s _ number,sex,birthday,department 字段的表结

构复制到表 new2 中。

```
USE student                                    && 打开表文件
COPY TO new1 FOR sex = "男"                     && 将男生记录复制到表 new1 中
COPY STRUCTURE TO new2 Fields s_number, sex, birthday, department
                                               && 将指定字段的表结构复制到表 new2 中
USE new1                                        && 打开新表文件 new1
LIST                                            && 显示 new 表文件的所有内容
USE new2                                        && 打开新表文件 new2
browse                                          && 显示 new2 表文件的所有字段,但无记录
```

(2)分别生成标准格式和通用格式的文本文件 new1.txt 和 new2.txt 及满足学号前八位为"20054071"的男生记录复制到 Excel 文件中。

```
COPY TO new1 SDF TYPE new1.txt                 && 查看新文本文件的内容
COPY TO new2 DELIMITED TYPE new2.txt           && 通用格式下的文本文件
COPY TO new FOR s_number = "20054071".and.sex = "男" XLS
                                               && 将满足条件的记录复制到名为 new 的 Excel 的文件中
```

3. 表与数组之间的数据传送

表与数组间的传送是指可将表的记录数据和内存中的数组相互传送,表的记录数据可以保存到数组中,而数组元素值也可以传送到表中成为记录数据。具体有单个记录与一维数组的传送和多个记录与二维数组的传送。

(1)将表的单个记录传送到数组中。

格式:SCATTER [FIELDS < 字段名表 >] TO < 数组名 >[MEMO]

功能:按顺序将当前表的当前记录内容依次存入数组中。

说明:

① 如果未指定"FIELDS < 字段名表 >",则将除备注型字段以外的所有字段存入数组中。

② 若在"FIELDS < 字段名表 >"中选择备注型字段,则必须选择"MEMO"选项。

③ 若数组元素个数比字段个数多,则多余的数组元素内容不变;若指定的数组不存在,或数组元素个数比字段个数少,则系统自动重新创建数组,或自动扩大。

④ 各数组元素与相应字段具有相同的数据类型。

【例 4.9】 分析执行下列命令后,数组元素值的变化。

```
CLEAR MEMORY
USE STUDENT
DIMENSION x(3)
STORE 100 TO x(3)
SCATTER FIELDS s_name, birthday, isparty TO x
LIST MEMORY LIKE X?
```

屏幕显示:

```
X      PUB    A
(1)    C      "王芹"
(2)    D      01/31/85
(3)    L      .F.
```

(2)将数组传送到表的单个记录中。

格式:GATHER FROM < 数组名 > [FIELDS < 字段名表 >] [MEMO]

功能:将数组中的数据作为一个记录传送到当前表的当前记录中,以更新各字段的内容。

说明:

① "FROM < 数组名 >"用来指定代替当前记录内容的数组。

② 如果未指定"FIELDS < 字段名表 >",则将除备注型字段以外的所有字段的内容都被替代。

③ 若在"FIELDS < 字段名表 >"中选择备注型字段,则必须选择 MEMO 选项。

④ 若数组元素个数少于指定字段个数,则多余的字段填空值;若数组元素个数多于指定字段个数,则忽略多余的数组元素。

⑤ 必须保证各数组元素与相应字段具有相同的数据类型。当二者数据类型不同且不兼容时,该字段将自动被初始化为空值。字符型与数值型的默认值为空格和 0,日期型和逻辑型的默认空值为{ / / }与.F.。

【例 4.10】 通过数组 A 向 student 表添加一条新记录。

编写命令如下:

```
USE STUDENT
APPEND BLANK
DIMENSION A(5)              && 定义数组 A,并为其赋值。
A(1) = '20054071000'
A(2) = "李斯"
STORE "男" TO A(3)
A(4) = {^1994 - 04 - 08}
A(5) = "信息技术学院"
GATHER FROM A              && 将数组 A 的内容添加到当前记录中
GO BOTTOM
DISPLAY
```

(3)将表的多个记录复制到二维数组。

格式:COPY TO ARRAY < 数组名 > [FIELDS < 字段名表 >] [< 范围 >][FOR < 条件 >]

功能:把指定范围内满足条件的记录的有关字段内容全部复制到指定的数组中。

说明:

① 如果不选任何选项,则复制除备注型字段以外的所有字段的内容。

② 该命令不能把备注型字段复制到数组中。

③ 若指定的数组名不存在,则系统会根据需要自动创建数组;若数组已事先定义好,该命令将不会自动调整数组的大小以满足要求。

④"COPY TO ARRAY"命令可以一次将多条记录复制到指定的二维数组中。

(4)从数组向表传送多个记录。

格式:APPEND FROM ARRAY < 数组名 > [FIELDS < 字段名表 >][FOR < 条件 >]

功能:将数组中满足条件的每行数据按记录的形式依次添加到当前表中,但它忽略备注型字段。

说明：

① 若选择"FIELDS"子句,则在添加记录时只向其中列出的字段传送数据。

② 命令中指定的数组既可以是一维的也可以是二维的,一维数组一次向表添加一个记录,而二维数组的每一行将添加到表中成为一条新记录,所以二维数组的行数即为新添加的记录个数。

③ 若数组所具有的列数多于表的字段数,这些多余的数组列将被忽略;否则,反过来多出来的字段被自动赋以空值。

④ 应确保数组元素的数据类型、顺序、内容和表字段的数据顺序及类型完全一致。若二者的数据类型不同且不兼容时,该字段将自动被赋予空值。

【例 4.11】 分析下列命令执行后 array1.dbf 的内容。

编写命令如下：

```
USE STUDENT
DIMENSION X(3,5)
COPY TO ARRAY X FOR SEX = "男"FIELDS S_NUMBER,S_NAME,SEX,BIRTHDAY
COPY STRU TO ARRAY1 FIELDS S_NUMBER,S_NAME,SEX,BIRTHDAY
USE ARRAY1
APPEND FROM ARRAY X
LIST
```

屏幕显示：

记录号	S_NUMBER	S_NAME	SEX	BIRTHDAY
1	20054071002	刘景旺	男	04/01/85
2	20054071011	刘欢	男	07/09/86
3	20054071013	周宇男	男	03/06/86

4.1.6　记录的删除与恢复

1.逻辑删除记录

对想要删除的记录加上删除标志,就是逻辑删除,此时带标记的记录并没有真正的被从磁盘上删除,需要时仍可以恢复。

(1)命令方式。

格式：DELETE[<范围>][FOR <条件>][WHILE <条件>]

功能：为当前表中满足条件的记录加上删除标志。

说明：该命令给指定的记录加上删除标志,而不是真正从表文件中删除记录。若不选任何选项,则仅为当前记录加上删除标志。

(2)菜单方式。

利用菜单方式删除记录的操作步骤如下：

① 打开表文件。

② 选择系统菜单中的"显示"/"浏览",弹出"记录浏览"窗口。

③ 选择"表"/"删除记录",弹出"删除"对话框,如图 4.8 所示。

④ 单击"FOR"和"WHILE"文本框右侧按钮,系统弹出"表达式生成器",用户可以在表达式

的框中输入一个逻辑表达式,如性别 ="男",单击"确定"按钮完成条件表达式的输入。

⑤ 在"作用范围"下拉列表框中选择范围,如 NEXT,并在后面的文本框中输入需删除记录的个数。

⑥ 单击"删除"按钮,系统将完成对指定范围内满足条件的记录的逻辑删除。

做了逻辑删除标志的记录仍然在表中,所不同的是,在列表(List)显示的时候,会看到在记录号的前面有个逻辑删除标志" ∗ "。

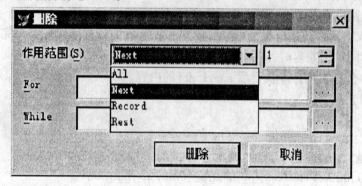

图 4.8　"删除"对话框

【例 4.12】　逻辑删除 student 表中 s_number 为 2005407101 的记录。

操作如下:

打开 student 表,按上述步骤,选择作用范围为 ALL,for 条件表达式为 s_number ="2005407101",单击"删除"按钮完成指定记录的逻辑删除。

LIST s_number,s_name,sex

系统主窗口显示如下的运行结果:

记录号	S_NUMBER	S_NAME	SEX
1	20054071001	王芹	女
2	20054071005	高铁双	女
3	20054071002	刘景旺	男
4	20054071003	李思瑶	女
5	20054071007	盖迪	女
6	20054071006	张婉莹	女
7	∗ 20054071011	刘欢	男
8	∗ 20054071013	周宇男	男
9	∗ 20054071014	卫韡	女
10	∗ 20054071015	许化维	男
11	20054071004	孙源隆	男
12	∗ 20054071012	陈子亮	男
13	20054071008	胡秀俭	男
14	∗ 20054071016	吉莉	女
15	∗ 20054071017	马云涛	男
16	20054071009	迟宇	男

17	* 20054071010	时文军	男
18	* 20054071018	李赫	女
19	* 20054071019	刘昱	女
20	20054071020	刘倩	女

2.隐藏逻辑删除的记录

格式：SET DELETED ON|OFF

功能：将表文件中已逻辑删除的记录隐藏，就像真正删除一样。

说明：

(1)当 SET DELETED 设置为"OFF"时，被逻辑删除的记录同正常记录一样，可以参与对该文件的各种操作。

(2)当 SET DELETED 设置为"ON"时，对表文件中数据的各种操作，均不包括被逻辑删除的记录。

(3)SET DELETED 的默认状态是"OFF"。

【例 4.13】　隐藏上例中的逻辑删除的记录。

USE student

SET DELETED ON

LIST s _ number,s _ name,sex

系统主窗口显示如下的运行结果：

记录号	S _ NUMBER	S _ NAME	SEX
1	20054071001	王芹	女
2	20054071005	高铁双	女
3	20054071002	刘景旺	男
4	20054071003	李思瑶	女
5	20054071007	盖迪	女
6	20054071006	张婉莹	女
11	20054071004	孙源隆	男
13	20054071008	胡秀俭	男
16	20054071009	迟宇	男
20	20054071020	刘倩	女

3.恢复逻辑删除的记录

恢复逻辑删除的记录就是将被逻辑删除的记录恢复为正常记录，去掉删除标志。

(1)命令方式。

格式：RECALL[< 范围 >][FOR < 条件 >][WHILE < 条件 >]

功能：将当前表文件中指定范围内满足条件并已做删除标记的记录撤销逻辑删除，恢复为正常记录。

说明：

① "RECALL"命令和"DELETE"命令相对应，它可以去掉已被逻辑删除记录的逻辑删除标志。

② 若不选择任意选项，则仅取消当前记录的删除标志。

【例 4.14】 恢复 student 表中所有逻辑删除的记录

```
USE student
RECALL ALL
LIST s _ number, s _ name, sex
```

系统主窗口显示如下的运行结果：

记录号	S _ NUMBER	S _ NAME	SEX
1	20054071001	王芹	女
2	20054071005	高铁双	女
3	20054071002	刘景旺	男
4	20054071003	李思瑶	女
5	20054071007	盖迪	女
6	20054071006	张婉莹	女
7	20054071011	刘欢	男
8	20054071013	周宇男	男
9	20054071014	卫韀	女
10	20054071015	许化维	男
11	20054071004	孙源隆	男
12	20054071012	陈子亮	男
13	20054071008	胡秀俭	男
14	20054071016	吉莉	女
15	20054071017	马云涛	男
16	20054071009	迟宇	男
17	20054071010	时文军	男
18	20054071018	李赫	女
19	20054071019	刘昱	女
20	20054071020	刘倩	女

(2)菜单方式。

利用菜单方式恢复逻辑删除记录的步骤如下：

① 打开表文件。

② 选择系统菜单中的"显示"/"浏览"菜单项,弹出"记录浏览"窗口。

③ 选择"表"/"恢复记录"菜单项,弹出类似如图 4.5 所示的对话框。其操作与"删除"对话框相同。

4.物理删除记录

物理删除是将当前表文件中被逻辑删除的记录全部清除,清除之后是不可恢复的。

(1)命令方式。

格式:PACK[MEMO][DBF]

功能:将当前表文件中所有带删除标志的记录彻底清除。

说明:

① 若选用"MEMO"选项,该命令将压缩备注文件,但并不删除表文件中做了删除标记的记录。

② 若选用"DBF"选项,则只删除表文件中做了删除标记的记录,而不压缩备注文件。

③ 不带任何选项的"PACK"命令将删除表文件中做了删除标记的记录,同时压缩备注文件。

【例 4.15】 删除 student 表中第 5 ~ 10 条记录。

操作如下:

```
USE student          && 打开表文件
GO 5                 && 将记录指针指向第 5 条
DELETE NEXT 6        && 逻辑删除第 5 ~ 10 记录
PACK                 && 物理删除第 5 ~ 10 记录
```

(2)菜单方式。

利用菜单方式物理删除记录的步骤如下:

① 打开表文件。

② 在系统菜单中选择"显示"/"浏览"菜单项,弹出"记录浏览"窗口。

③ 选择"表"/"彻底清除"菜单项,弹出如图 4.9 所示的系统提示"确认"对话框。

④ 单击"是"按钮,完成物理删除过程。

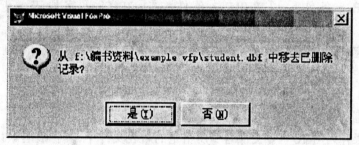

图 4.9 "确认"对话框

(3)物理删除全部记录。

格式:ZAP

功能:物理删除当前表的全部记录。

说明:

① 该命令物理删除当前表的全部记录,只留下表结构。这种删除是无法恢复的,用户在使用该命令时应该谨慎。

② 当使用该命令时,系统一般会弹出如图 4.10 所示的提示对话框,用来确认是否删除所有记录,单击"是"按钮清除所有记录,单击"否"按钮放弃操作。

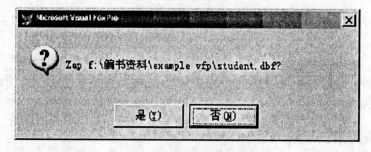

图 4.10 物理删除确认对话框

4.2　表的高级操作

在实际工作中,数据表中的各条记录经常需要按某个字段值的大小或按某种指定的规则进行排序。Visual FoxPro 为此提供了物理排序与逻辑排序两种方法。物理排序方法又称排序,是另外生成一个与原表数据内容相同但各项记录已经按要求排好序的新表文件;逻辑排序方法又称为索引方法,是对原表的各条记录按指定表达式值的大小排序后生成的一个简单的索引列表,在该列表中仅记载各记录对应的这个表达式的值及其对应的记录号。这样原表中各记录的实际存储位置并没有改变,但当原表与该索引列表一起使用时,就能按索引列表中记载的记录排列顺序对原表进行操作,因而原表的各条记录从逻辑上讲就是有序的。

4.2.1　表的排序

下面介绍排序的命令。

格式:SORT ON <字段 1> [/A][/D][/C][, <字段 2>][/A][/D][/C] TO <文件名> [<范围>][FOR <条件>][WHILE <条件>][FIELDS <字段表>][ASCENDING | DESCENDING]

功能:对指定范围内满足条件的记录,按指定 <字段> 值的大小重新排序后生成一个指定名称的新数据表文件。

说明:

(1)缺省范围子句和条件子句时,将对所有记录排序。

(2)排序结果存入由 TO　<文件名> 所指定的新表文件中,其扩展名默认为 .dbf。新表的结构由 FIELDS 子句规定,缺省该子句时新表结构与当前表的结构相同。

(3)本命令可实现多重排序,系统首先按 <字段 1> 值的大小进行排序,如果有可选项 <字段 2>,则在 <字段 1> 值相同的情况下,再按 <字段 2> 值的大小对记录进行排序,以此类推。

(4)指定"/A"为升序排序,指定"/D"为降序排序,同时指定"/A"和"/D"只承认降序,若缺省排序,默认为升序排序。

【例 4.16】　就 student 表按专业排序,并显示记录。

操作如下:

```
USE student
SORT ON s _ number/A TO XSXH              && 按学号升序排序后将记录存到 XSXH.DBF
USE XSXH                                   && 打开排序后生成的新表文件
LIST                                       && 显示 XSXH.DBF 表文件的内容
```

物理排序效率不高并将不可避免地产生数据冗余,因而在多数情况下采用逻辑排序的方法即索引的方法。

4.2.2　表的索引

Visual FoxPro 中的索引和书中的目录类似。书中的目录是一份页码的列表,指向书中的页号。表索引是一个记录号的列表，指向待处理的记录，并确定了记录的处理顺序。

对于已经建好的表，索引可以帮助人们对其中的数据进行排序，以便加速检索数据的速度；可以快速显示、查询或者打印记录；还可以选择记录、控制重复字段值的输入并支持表间的关系操作。表索引存储了一组记录指针。

索引文件中记录的排列顺序称为逻辑顺序。

一个表文件可以根据需要创建多个索引文件，使用时打开需要的索引文件。打开索引文件后，将改变表中的记录的逻辑顺序，但并不改变表文件记录的物理顺序。

1.索引文件的种类

按照索引文件的类型可分为单索引(Single Index)文件和复合索引(Compound Index)文件两种，前者扩展名为".idx"，而后者的扩展名为".cdx"。

(1)单索引文件。单索引文件是根据单个索引关键字表达式(或关键字)创建的索引文件，其扩展名为".idx"。

(2)复合索引文件。复合索引文件是指可以包含多个索引关键字或关键字表达式的索引文件，其扩展名为".cdx"。其中每一个索引关键字都有一个索引标识，代表一种逻辑顺序。一个复合索引文件可以相当于多个单索引文件的集合。

复合索引文件又可分为结构复合索引和非结构复合索引两种。

① 结构复合索引文件是指其名与原表文件名相同，扩展名为".cdx"的索引文件。当使用已创建过结构复合索引文件的表文件时，它随表文件的打开、关闭而自动打开和关闭。当对表文件中的记录进行编辑修改时，其对应结构复合索引文件的全部索引也会自动更新。

② 非结构复合索引文件是指由用户自己指定索引文件的名，其扩展名为".cdx"。当使用这种索引文件时，需用"SET INDEX TO"命令或"USE"命令中的 INDEX 子句来打开它。

2.索引的类型

在 Visual FoxPro 中创建的索引，按其功能可分为下列4种类型。

(1)主索引。主索引是指能够唯一地确定数据库表文件中一条记录的关键表达式，即关键字表达式的值在表文件的全部记录中是唯一的，不允许有重复值。只有数据库表文件才允许建立一个主索引。例如，学号、职工号、编号……可以作为主索引字段，而姓名、入学成绩、性别、出生日期……均不能作为主索引关键字段(除非消除重复的值)，因为它们可能含有相同值。这样的索引可以起到主关键字的作用。

(2)候选索引。候选索引也是一个不允许在指定字段和表达式中出现重复值的索引。数据库表和自由表都可以创建候选索引，一个表可以创建多个候选索引。

主索引和候选索引都可以存储在结构复合索引文件中，不能存储在单索引文件中，因为主索引和候选索引都必须与表文件同时打开和关闭。

(3)唯一索引。系统只在索引文件中保留第一次出现的索引关键字值。索引字段可以重复，但重复的索引字段值只有唯一的一个值出现在索引对照表中。数据库表和自由表都可以创建唯一索引。

(4)普通索引。普通索引是一个最简单的索引，允许索引关键字值重复出现，适合用来进行表中记录的排序和查询，也适合于一对多永久关联中"多"的一边(子表)的索引。数据库表和自由表都可以创建普通索引。

3. 创建索引

可以通过命令方式和表设计器方式创建索引。

(1)命令方式。使用命令建立单索引文件的说明如下。

格式:INDEX ON ＜索引关键字表达式＞ TO ＜单索引文件名＞ [UNIQUE] [FOR ＜条件＞] [COMPACT] [ADDITIVE]

功能:对当前表文件按指定索引关键字升序普通索引或唯一索引。

说明:

① "索引关键字表达式"是按它索引的单个字段名或多个字段组成的字符表达式。表达式中各字段的类型只能是数值型、字符型、日期型和逻辑型。"单索引文件名"是用户定义的索引文件名。

② 若不选择"UNIQUE"选项,则为普通索引。否则(即选择"UNIQUE"选项)为唯一索引。

③ "FOR ＜条件＞"是筛选记录用的选项(其含义同前)。

④ 若选择"COMPACT"选项,则索引文件用压缩格式。

⑤ 若选择"ADDITIVE"选项,则表示在建立新索引文件的同时,不影响在内存中已打开的其他索引文件,否则(即不选择"ADDITIVE")在建立新索引文件的同时,关闭已打开的其他索引文件。

⑥ 刚索引过的索引文件是打开状态。

使用命令建立结构复合索引文件的说明如下。

格式:INDEX ON ＜索引关键字＞ TAG ＜索引标识名＞ [UNIQUE|CANDIDATE] [ASCENDING|DESCENDING] [FOR ＜条件＞] [ADDITIVE]

功能:对当前表文件按指定索引关键字升序或降序普通索引、唯一索引、候选索引,以索引标识形式,保存在与表同名的结构复合索引文件中。

说明:

① "索引标识名"是用来指定复合索引文件的索引标识名,其长度不大于 10 个字符。

② 若不选择"UNIQUE|CANDIDATE"选项,则表示按照普通索引。若选择"UNIQUE",则按照唯一索引。若选择"CANDIDATE",则按照候选索引。

③ 若不选择"ASCENDING|DESCENDING"选项或选择"ASCENDING",则表示按升序索引。若选择"DESCENDING"选项,则表示按降序索引。

④ 刚索引过的索引文件是打开状态。

⑤ 其他同上。

使用命令建立非结构复合索引文件的说明如下。

格式:INDEX ON ＜索引关键字＞ TAG ＜索引标识名＞ OF ＜复合索引文件名＞ [UNIQUE|CANDIDATE] [ASCENDING|DESCENDING] [FOR ＜条件＞] [ADDITIVE]

功能:对当前表文件按指定索引关键字建立升序或降序非结构复合索引文件,包括普通索引、唯一索引或候选索引。

说明:

① "复合索引文件名"是用自己要指定的索引文件名。

② 其他与建立结构复合索引文件相同。

【**例 4.17**】　创建索引文件,完成"例 4.16"的操作。

操作如下:

USE student

INDEX ON s_number TO XSXH

LIST

【**例 4.18**】　对 grade 表按如下要求进行结构复合索引。

(1)按 grade(总分)降序、唯一索引。

(2)按 s_number 降序的候选索引。

操作 1:

USE grade

INDEX ON grade TAG CHJ DESCENDING UNIQUE

LIST

操作 2:

INDEX ON s_number TAG XH DESCENING CANDIDATE

LIST

(2)利用表设计器创建索引。

利用表设计器中"字段"选项卡与"索引"选项卡均可完成索引文件的创建。

利用表设计器中"字段"选项卡(用此方法只能创建普通索引)创建索引文件的操作如下:

① 打开要创建索引的表文件。

② 选择"显示"/"表设计器"菜单项。

③ 在打开的"表设计器"对话框中选择"字段"选项卡。

④ 在"字段"选项卡中选择"索引"列表框。

⑤ 在"索引"列表框中选择索引顺序。

⑥ 单击"确定"按钮完成操作

【**例 4.19**】　利用表设计器,对 student 表按 birthday 降序索引。

操作如下:

在 Visual FoxPro 系统的主菜单下,选择"文件"/"打开"菜单项,弹出"打开"对话框;在"打开"对话框中的"文件类型"右侧框中选择"数据库(*.dbc)",并在"文件名"右侧框中选定所要打开的数据库名(如"cjglk"),然后单击"确定"按钮,弹出"数据库设计器"并在其中选择表文件(student 表,打开表文件时,要选择"独占"复选框,否则不能建立索引文件)。选择"显示"/"表设计器"菜单项,弹出"表设计器"对话框,在其中选择"字段"选项卡,在"字段名"中选择"birthday",然后单击"索引"列表框按钮▼,结果如图 4.11 所示。在索引列表框中,选择降序索引。最后单击"确定"按钮完成操作。

利用"表设计器"中"索引"选项卡创建索引文件的具体的操作步骤如下:

① 如图 4.11,点击"索引"选项卡。

② 在"索引名"栏中输入索引标识名。

③ 在"排序"选项中,选择索引顺序。

④ 在"类型"选项卡中,选择索引类型。

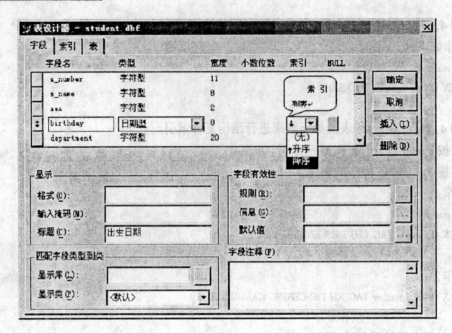

图 4.11　"表设计器"对话框

⑤ 在"表达式"选项中,输入字段名或索引表达式。

⑥ 在"筛选"选项中,指定限制记录的输出范围。

⑦ 单击"确定"按钮完成。

【例 4.20】　利用"表设计器"中"索引"选项卡,完成如下要求。

(1)按 grade 字段降序、唯一索引。

(2)按 s_number 降序、普通索引。

(3)将课程编号(c_number)为"S2071102"的记录按 grade 字段降序、学号升序、普通索引。

(4)按学号升序主索引。

操作如下:

(1)打开表文件与表设计器,方法与"例 4.19"中相同。在如图 4.12 所示的"表设计器"中选定"索引"选项卡;在"索引名"下的文本框中输入"成绩";

(2)在"排序"中选择"降序"(通过单击箭头完成);在"类型"选择"唯一索引";在表达式中输入"grade",或单击"表达式"选项按钮 ,弹出如图 4.13 所示的"表达式生成器"对话框。在"字段"列表框中双击"成绩"字段名,将此字段选择到"表达式"框中。

(3)同操作(1)完成题(2)的要求。

(4)打开表文件与设计器,方法同操作(1)。在"表设计器"对话框中选定"索引"选项卡,在"索引名"下的文本框中输入"学号";在"排序"中选择升序(通过单击箭头完成);在"类型"中选择"普通索引";单击"表达式"选项按钮,在图 4.13(a)所示的"表达式生成器"对话框中的"表达式"文本框中输入索引表达式:STR(100 − grade,5,2) + s_number,单击"检验"按钮检查表达式是否正确。确认正确后,按"确定"按钮,返回如图 4.12 所示的"表设计器"对话框。

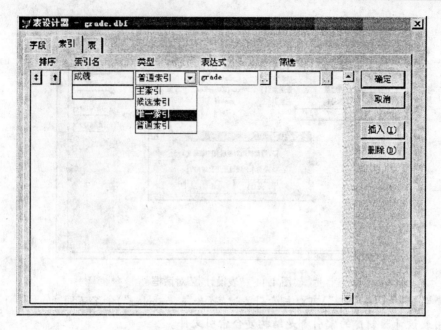

图 4.12 "表设计器"索引选项卡

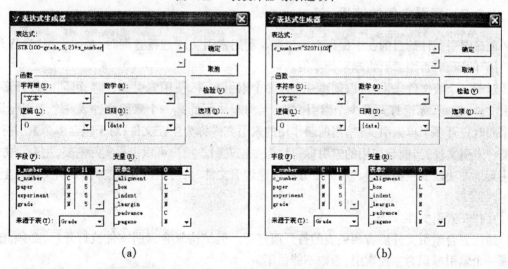

(a)　　　　　　　　　　　　　(b)

图 4.13 "表达式生成器"对话框

若想筛选记录,则可在"筛选"文本框中直接输入过滤表达式(即"条件")如本例的要求:
c_number = "S2071102",也可以单击"筛选"文本框右侧的按钮,弹出如图 4.13(b)所示的"表达式生成器"对话框。其操作方法与"表达式"相同。比如,输入"c_number = "S2071102"",表示只对满足条件的记录进行索引。

(5)用与(1)同样的操作方法完成题(4)的要求,不同的是将索引类型选为"主索引"。

最后单击"确定"按钮,弹出如图 4.14 所示的"表设计器"对话框和"系统"窗口,单击"是"按钮,完成建立"索引"的操作。

【注意】① 若对自由表文件进行索引,则在"类型"列表框中没有"主索引"选项。

② 在索引名下输入名称时,用户自己定义,它只是一个索引标识。

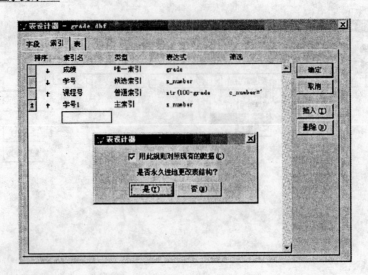

图 4.14　"表设计器"对话框

③ 索引标识名(如"XH")可以与索引关键字(如"s_number")命名不同。

④ 用表设计器创建的索引都是结构复合索引文件。

4.2.3　索引文件的使用

创建索引文件的目的在于提高查询速度。利用索引文件进行查询时,必须采用"先打开,后使用"的原则,否则索引将起不到作用。

对于一个表文件来说,可以创建一个或多个索引文件,使用索引文件时,可同时打开多个索引文件,但是,无论打开多少个索引文件,当前起作用的是一个索引文件或一个索引标识。如果同时打开多个单索引文件,当前起作用的索引文件称为主控文件;对于包含多个索引标识的复合索引文件,当前起作用的索引标识称为主控索引。用户可以根据实际需要,用命令方法或用菜单方法改变主控索引。用命令方法创建索引文件时,当是打开状态时,索引文件马上起作用。

1. 打开索引文件

结构复合索引文件随着相关表的打开而打开。但结构复合索引文件被打开后,必须先确定哪一个索引标识为主控索引,否则不能使用。

单索引文件和非结构复合索引文件必须由用户自己打开,可以在打开表文件的同时打开单索引文件,也可以打开表文件后再打开索引文件。

打开索引文件有两种方法:一种是在打开表的同时打开索引文件,另一种是在打开表后,需要使用索引时,再打开索引文件。

(1)表和索引文件同时打开。

格式:USE <表文件名> INDEX <单索引文件名表> | <非结构复合索引文件名>

功能:打开指定表文件的同时,打开"单索引文件名表"中指定的一个或多个单索引文件,并默认把排在"单索引文件名表"中第一位的作为主控索引文件,或者打开指定表的同时,打开非结构复合索引文件。

说明:

① "单索引文件名表"是指要打开的单索引文件名列表。可以包含一个或多个索引文件。

② 非结构复合索引被打开后,必须先确定哪个索引标识为主控索引,否则不起作用。

(2)打开表后再打开索引文件。

格式:SET INDEX TO［＜单索引文件名表＞］［ADDITIVE］

功能:为当前表打开一个或多个索引文件。

说明:

① ＜单索引文件名表＞是指定要打开的索引文件名列表。

② "ADDITIVE"表示保留以前打开的索引文件,否则除结构复合索引文件之外,以前打开的索引文件均被关闭。

(3)利用菜单方法打开索引文件。

利用菜单方式打开表文件的同时,自动打开结构复合索引,但不能打开单索引文件。

2.确定主控索引文件和主控索引

一个表可以打开多个索引文件,但只有主控索引文件或主控索引起控制作用。对于新创建的索引文件,它是主控索引。打开索引文件表时,排在索引文件表的第一位的是主控索引文件,如果主控索引文件是复合索引文件,还得进一步确定哪个索引标识是主控索引。

(1)利用命令方法确定主控索引文件和主控索引。

格式:SET ORDER TO［＜索引文件顺序号＞l＜单索引文件名＞］［TAG］＜索引标识名＞

功能:指定表的主控索引文件或主控索引标识。

说明:

① "索引文件顺序号"表示自己打开的索引文件的序号,用以指定主控索引文件或主控索引,系统先为单索引文件按被打开的先后顺序编号,再为结构复合索引文件中的索引标识按其生成的顺序编号。

② "单索引文件名"指定一个单索引文件为主控索引文件,这样做比用"索引文件顺序号"更加直观。

③ "TAG 索引标识名"用于指定一个已打开的复合索引文件中的一个索引标识为主控索引。

④ 不带任何参数的"SET ORDER TO"命令或"SET ORDER TO 0"可以取消主控索引。

【例 4.21】 利用 student 和 grade 表中已创建的索引,练习主控索引文件和主控索引的含义及选择方法。

操作如下:

```
USE student INDEX XSXH                    && 打开表文件,并将 XSXH.idx 设为主控索引
BROWSE
USE grade
SET ORDER TO TAG 3                        && 索引标识顺序为 3 的索引为主控索引
BROWSE
SET ORDER TO                              && 取消主索引,按物理顺序显示
BROWSE
```

使用索引文件后,虽然表中各记录的物理顺序并未改变。但记录指针不再按物理顺序移动,而是按主索引文件中记录的逻辑顺序移动,整个表中的记录按照索引关键表达式值排序。

【例 4.22】　有索引文件时,分析记录指针的移动记录。

操作如下:

USE student

INDEX ON DEPARTMENT TO sy3

LIST

系统屏幕显示:

记录号	S_NUMBER	S_NAME	SEX	BIRTHDAY	DEPARTMENT
99	20044074121	唐永刚	男	01/02/83	动物科技学院
105	20044074219	王喜强	男	05/06/84	高等职业技术学院
100	20044074210	褚忠博	男	09/12/85	工程学院
107	20044074221	张洋	男	02/25/85	继续教育学院
101	20044074113	余秀淳	男	10/12/84	经济管理学院
103	20044074234	张浩明	女	02/15/87	人文社会科学学院
104	20044074137	仲维丽	女	07/16/84	生命科学技术学院
102	20044074201	卫光	男	07/01/83	食品学院
106	20044074230	刘昕	女	04/02/85	文理学院
1	20054071001	王芹	女	01/31/85	信息技术学院
98	20044074136	蔡雪莲	女	01/24/86	植物科技学院

分析记录指针的移动规律,是按照 DEPARTMENT 字段的值的顺序来移动指针的。

(2)利用菜单方法确定主控索引文件和主控索引。

利用菜单方法确定主控索引文件和主控索引的步骤如下:

① 利用菜单打开表文件。

② 选择"显示"/"浏览"菜单项,打开"浏览"对话框,显示表文件记录的同时,菜单栏自动增加一个"表"菜单。

③ 选择"表"/"属性"菜单项,弹出"工作区属性"对话框,或打开表文件,在"窗口"中选择"数据工作期",在弹出的"数据工作期"对话框中单击"属性",同样可以打开"工作区属性"对话框。

④ 在"工作区属性"对话框中的"索引顺序"中选择主控索引文件或主控索引。

【例 4.23】　利用菜单方法完成"例 4.21"的操作。

操作如下:

利用菜单方法打开表文件"学生成绩表"(其方法同前面),选择"显示"/"浏览"菜单项,再选择"表属性"菜单项,弹出"工作区属性"对话框。

或打开表文件,选择"窗口"/"数据工作期"/"数据工作期"菜单项,弹出"数据工作期"对话框,在该对话框中单击"属性",同样弹出"工作区属性"对话框,单击"索引顺序"列表框按钮,弹出下拉列表,如图 4.15 所示。根据实际需要,选择索引文件和索引标识,如选择"Grade:成绩",然后单击"确定"。

说明:

① 在"索引顺序"列表框中,给出了当前打开表文件的所有索引文件和索引标识。

② "无顺序"表示所有索引文件和索引标识不起作用。

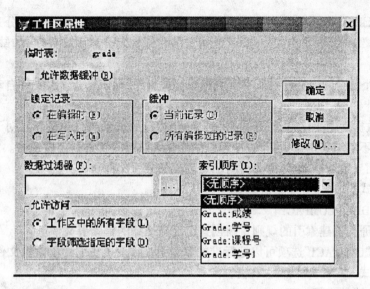

图4.15 "工作区属性"对话框

③ "索引文件名:索引标识"形式表示复合索引标识。

④ 直接给出的标识名,表示单索引文件名。

3.关闭索引文件

关闭索引文件的命令格式有以下三种。

格式1:CLOSE INDEX

功能:关闭当前工作区中打开的所有单索引文件和独立复合索引文件。

格式2:SET INDEX TO

功能:关闭当前工作区中打开的所有单索引文件和独立复合索引文件。

格式3:USE

功能:关闭当前工作区中打开的表文件和所有索引文件。

4.删除索引

(1)索引文件的删除。

格式:DELETE FILE < 索引文件名 >

功能:删除指定的单索引文件。

说明:

① "索引文件名"必须带扩展名。

② 被删除的索引文件必须在关闭状态。

【**例4.24**】 删除student表的单索引文件。

操作如下:

DELETE FILE XSXH.IDX

(2)索引标识的删除。

格式:DELETE TAG ALL ∣ < 索引标识名表 > [OF < 非结构复合索引文件名 >]

功能:从指定的复合索引文件中删除指定索引标识。

说明:

① "ALL"表示删除打开的非结构复合索引文件的所有索引标识。

② "索引标识名表"表示删除指定的索引标识,多个索引标识之间用逗号分开。

③ "OF<非结构复合索引文件名>"是指定的非结构复合索引文件名,如缺省,则为结构复合索引文件。

④ 如果一个复合索引文件的所有索引标识都被删除,则该复合索引文件自动被删除。

5.更新索引

当表中的数据发生变化时,打开的索引文件会相应的被系统自动更新。对于没有打开的索引文件,系统不能对其进行更新,数据记录的变化无法反映到索引文件中去。为避免因使用旧的索引文件而导致错误,这时需要更新已经创建的索引文件。

(1)命令方式。

格式:REINDEX [COMPACT]

功能:按照原先创建索引的规则重新创建已经被压缩的单索引文件。

说明:使用"COMPACT"选项可以把标准的单索引文件变成压缩的单索引文件。

(2)菜单方式。

使用菜单方式的步骤如下:

① 打开表文件。

② 选择"显示"/"浏览"菜单项。

③ 选择"表"/"重新创建索引"菜单项,系统自动根据各索引表达式重新创建索引。

4.3　记录的查询

对于表记录的查询,系统提供了两类查询命令:顺序查询和索引查询。

4.3.1　顺序查询

顺序查询是指在表的指定范围内按照记录排列的顺序查找满足条件的记录。实现顺序查询有命令方式和菜单方式两种方法。

1.命令方式

(1)LOCATE 命令。

格式:LOCATE FOR <条件>[<范围>]

功能:在当前表文件中指定的范围内查找满足条件的第一条记录。若找到,则记录指针指向该记录,并在状态栏左侧显示记录号;否则,表中无此记录,并且显示"已到定位范围末尾"的提示信息。

说明:

① "条件"是个逻辑表达式,指需要满足的条件。

② "范围"选项的含义同前,若省略,则默认为 ALL。

③ 如果找到满足条件的记录后,将记录指针指向该记录,函数 FOUND()的值为.T.;否则,记录指针指向"范围"的底部或文件结束标志,函数 FOUND()的值为.F.,同时在状态栏给出提示信息"已到定位范围末尾"。

④ 查到记录后,要想继续往下查找满足指定"条件"的其他记录,用"CONTINUE"命令。

(2)CONTINUE 命令。

格式：CONTINUE

功能：在当前表文件中，查到满足指定"条件"的记录后，继续往下查找满足"条件"的下一条记录。

说明：CONTINUE 只能与 LOCATE 配合使用，且只能在 LOCATE 命令之后使用，否则出错。

【例 4.25】 在 student 表中查找 s_number 为"2005407100"的记录。

操作如下：

```
USE STUDENT
LOCATE FOR S_NUMBER = "2005407100"
? FOUND()                          && 系统窗口显示结果 .T.
DISPLAY                            && 显示 student 表中第一条满足条件的记录
CONTINUE
DISPLAY                            && 显示 student 表中第二条满足条件的记录
```

2.菜单方式

利用菜单方式也可以实现顺序查找，具体操作如下：

(1)打开将要进行查询的表文件。

(2)选择"显示"/"浏览"菜单项。

(3)选择"表"/"转到记录"菜单项，在弹出的菜单中选择"定位"命令。

(4)在弹出的"定位记录"对话框中的"作用范围"下拉列表框中选择查询范围。在"FOR"或"WHILE"框中输入查询条件。单击"定位"按钮系统将指针定位于符合条件的第一条记录上。

4.3.2　索引查询

当表创建索引文件后，就可以用索引进行快速的查询。进行索引查询主要有两种命令：FIND 和 SEEK 命令。

1.FIND 命令

格式：FIND ＜字符串＞｜＜数值常量＞

功能：在表文件主索引中查找关键字与＜字符串＞或＜数值常量＞相匹配的第一条记录。

说明：

(1)"字符串"可以用字符型变量代替，但需要用宏代换函数 & 转换，若为字符型常量且不含前导和后继空格，则可以省略定界符(即[ ]、单引号、双引号)。

(2)"数值常量"只能是 C 型常量或 N 型常量。

(3)当查找到匹配记录时，记录指针指向该记录，可用 RECON()函数找到匹配记录的记录号，FOUND()函数的值为 .T. ；若找不到时，记录指针指向表尾部，FOUND()函数的值为 .F. ，则函数 EOF()的值为 .T. 。

(4)如果有多个与关键字匹配的记录，则记录指针只定位于第一个记录。由于是在索引文件中查询，若存在相同关键字段值的记录，则一定排列在一起，想查询到后面的若干条也满足条件的记录，用"SKIP"命令顺序移动指针即可。

(5)如果用"SET EXACT ON"命令设置状态，则匹配必须是精确的，即"FIND"命令中的查询内容必须与记录的关键字段值完全相同。否则匹配可以不是精确的，即只要"FIND"命令中的查询内容与记录的关键字段值的左侧相等即可。

(6)如果用"SET EXACT OFF"命令,则匹配可以不是精确的,即只要"FIND"命令中的查询内容与记录的关键字段值的左侧相等即可。

【例 4.26】 在 student 中查询 s_number 为"20044072"的学生记录。

操作如下:

USE student
SET ORDER TO XH
FIND 20044072
? FOUND( ),RECNO( )　　&& 主窗口显示.T.,74
DISPLAY s_number,s_name,sex,birthday

系统主窗口显示结果如下:

记录号	S_NUMBER	S_NAME	SEX	BIRTHDAY
74	20044072001	杨涛	男	01/22/82

2.SEEK 命令

格式:SEEK < 表达式 >

功能:在表文件的主索引中查找关键字值与"表达式"值相匹配的第一个记录。

说明:

(1)"表达式"可以是字符型、数值型、日期型、逻辑型表达式的值。

(2)使用该命令查询前必须打开相应的索引文件,且"表达式"的类型必须和索引关键字表达式的类型一致。

(3)该命令可以查询常量、变量或表达式的值。

(4)该命令可以查找除备注型和通用型外的任何数据类型。

(5)如果有多个与关键字匹配的记录,则记录指针只定位于第一个记录。由于是在索引文件中查询,若存在相同关键字段值的记录,则一定排列在一起,想查询其后面的若干条满足条件的记录,用"SKIP"命令顺序移动指针即可。

(6)如果用"SET EXACT ON"命令,则匹配必须是精确的,即"SEEK"命令中的查询内容必须与记录的关键字段值完全相同。

(7)如果用"SET EXACT OFF"命令,则匹配可以不是精确的,即只要"SEEK"命令中的查询内容与记录的关键字段值的左侧相等即可。

【例 4.27】 用"SEEK"命令完成"例 4.26"。

操作如下:

USE student
INDEX ON s_number TAG XH
SET ORDER TO XH
SEEK "20044072"
? FOUND( ),RECNO( )　　　　　　　　　　&& 主窗口显示.T.,74
DISPLAY s_number,s_name,sex,birthday

系统主窗口显示结果如下:

记录号	S_NUMBER	S_NAME	SEX	BIRTHDAY
74	20044072001	杨涛	男	01/22/82

4.4 记录的统计

在数据库处理系统中,经常要对数据库中的数据进行各种统计计算。Visual FoxPro 提供了相应命令实现表中记录的统计功能。

1.统计记录个数

格式:COUNT [<范围>] [FOR <条件>] [TO <内存变量>]

功能:在当前表中,统计指定"范围"内满足指定"条件"的记录个数。

说明:

(1)"范围"的缺省值为 ALL;若"范围"、"FOR <条件>"都省略,则统计表文件中的所有记录个数。

(2)"FOR <条件>"的含义同前。

(3)若选择"TO <内存变量>"选项,统计记录个数的结果存入指定的"内存变量"中。

(4)若设置了"SET TALK OFF"命令,则不显示统计的结果;若设置了"SET DELETED ON"命令,则做了删除标记的记录不被计数。

(5)不带任何选项的"COUNT"命令与 RECCOUNT( )函数作用相同。但 RECCOUNT( )函数忽略"DELETED"设置,它总是把做了删除标记的记录也计入总数中。要是忽略已删除的记录或只计数那些符合某些条件的记录,就必须使用"COUNT"命令。

【例 4.28】 对 student 表,分别统计男、女同学的个数。

命令窗口中输入如下命令:

USE student
COUNT FOR sex = "男" TO BOY
COUNT FOR sex = "女" TO GIRL
?"男生的人数是:",GIRL
?"女生的人数是:",BOY

执行结果为:

男生的人数是:30
女生的人数是:68

2.求和

格式:SUM [<数值字段表达式表>] [范围] [FOR <条件>] [TO <内存变量表>]

功能:在当前表中,对指定"范围"内满足"条件"的记录,按照"数值字段表达式表"中的各项分别求和。

说明:

(1)若不选择任何选项(即只写 SUM),则对表文件中所有数值型字段分别求和。

(2)"范围"选择项的缺省值为 ALL。

(3)若选择"TO <内存变量表>",则将求和结果存入到内存变量中;否则任何结果不存储。<内存变量表>中的变量个数和类型必须与<数值字段表达式表>中一致,且均用逗号分隔。

【例 4.29】 针对 grade 表,求卷面成绩的总和,并存入到内存变量 ZCJ 中。

在命令窗口中输入如下命令:

USE grade

SUM paper TO ZCJ

系统窗口显示如下结果：

paper

19841.00

3.求平均值

格式：AVERAGE［＜表达式表＞］［范围］［FOR＜条件＞］［TO＜内存变量表＞］

功能：在当前表中，对指定"范围"内满足"条件"的记录，按照"数值字段表达式表"中的各项分别求平均值。

说明：该命令的用法同"SUM"命令。

【例4.30】 对 student 表，求全体学生的平均年龄。

在命令窗口中输入如下命令：

USE student

AVER YEAR(DATE()) – YEAR(birthday)TO n

主窗口显示如下结果：

YEAR(DATE()) – YEAR(birthday)

23.47

4.分类汇总

格式：TOTAL ON ＜关键表达式＞ TO ＜汇总表文件名＞［FIELDS ＜数值型字段名表＞］［＜范围＞］［FOR ＜条件＞］

功能：对当前表文件按"关键字表达式"值相同的记录进行分类统计，并把统计结果存放在"文件名"指定的汇总表文件中。

说明：

(1)用此命令前，当前表必须按关键字进行排序或索引。

(2)"关键字表达式"是分类汇总的关键字，决定汇总的记录个数。

(3)"汇总表文件名"是对当前表进行汇总产生的新表文件名，其结构和当前表的结构完全一样。

(4)"FIELDS＜数值型字段名表＞"指出要汇总的字段，如缺省则对表中所有数值型字段进行汇总。

(5)"范围"缺省值是 ALL。

(6)分类汇总是把所有具有相同关键字表达式值的记录合并成一条记录，对数值字段进行求和，对其他字段则取每一类中第一条记录的值(只将相同关键字段的记录纵向合并，合并过程中数值型字段的值相加，非数值型字段的值取与关键字段值相同的第一条记录的内容)。如果分类字段超过所能容纳的宽度时，则 Visual FoxPro 系统在这个字段上放上若干个"*"。此种情况，可以利用"MODIFY STRUCTURE"命令增加当前表中该字段的宽度，使其能容纳分类汇总之和。

【例4.31】 对 grade 表，按 s_number 对成绩进行汇总。

操作如下：

USE grade

```
INDEX ON s _ number TAG XH
TOTAL ON s _ number TO HZB FIELDS grade
USE HZB
LIST s _ number, grade
```

4.5　多表操作

4.5.1　工作区的概念

迄今为止,所做的各种数据表操作,都是在默认的内存工作区中打开的数据表内进行的。Visual FoxPro 的每个内存工作区中只能打开一个数据表,如果打开一个新的数据表则原先打开的数据表就将自动关闭。然而一个数据库应用项目往往涉及多个数据表,为此 Visual FoxPro 提供了多工作区的操作。如果需要同时打开多个数据表进行多表之间的相互操作,就需要在内存中开辟多个工作区,并在每个工作区中分别打开不同的数据表。本节将介绍多表操作:表的关联、表的连接、表间的数据更新和数据库表的永久关系以及设置参照完整性。

Visual FoxPro 允许同时在内存中开辟 32767 个工作区,每个工作区都有一个编号,编号从 1 ~ 32767。可以在其中打开一个数据表文件及与该表相关的一些辅助文件。用户虽然可以同时使用多个工作区,但在任一时刻只能选定其中的一个作为当前操作的工作区。本节讲述的有关工作区的概念对数据库表和自由表都是适用的。

4.5.2　工作区号与别名

Visual FoxPro 用工作区号和工作区别名来区分各个工作区。系统提供的 32767 个工作区分别以 1 ~ 32767 作为各工作区的编号。除了工作区编号外,工作区还有别名。

工作区别名有两种,一种是系统定义的别名,另一种是用户定义的别名。Visual FoxPro 为前 10 个工作区提供了系统别名,即 1 ~ 10 号工作区的别名分别为字母 A ~ J。因此,1 号工作区也称为 A 工作区、2 号工作区也称为 B 工作区,以此类推。除了系统别名外,另一种就是用户定义的别名,可以使用"USE ＜表文件名＞ ALIAS ＜别名＞"进行指定。由于一个工作区只能打开一个表,因此可以把表的别名作为工作区的别名。别名是用英文字母或下划线开头,由字母、数字和下划线组成。其命名规则和文件的命名规则相同。

例如,USE student ALIAS XSB &&XSB 为 student 的别名

4.5.3　工作区的选择

Visual FoxPro 系统启动后,系统默认 1 号工作区为当前工作区。如果想改变当前工作区,可以用"SELECT"命令来选择当前工作区。

格式:SELECT ＜工作区号＞ | ＜别名＞ | 0

功能:选择由"工作区号"或"别名"或"0"所指定的工作区作为当前工作区。

说明:

(1)工作区之间的切换不影响各工作区内的数据,记录指针的位置。每个工作区上打开的表有各自独立的记录指针。

(2)"SELECT 0"表示选取尚未使用的编号最小的工作区作为当前工作区。

(3)可以使用"SELECT( )"函数来显示当前工作区。

【例 4.32】 在 1 号工作区和 2 号工作区分别打开 student.dbf 和 grade.dbf,并选择 1 号工作区为当前工作区。

操作如下:

SELECT 1

USE student

? SELECT( )

SELECT 2 或 SELECT B

USE grade

SELECT 1

4.5.4 工作区的互访

Visual FoxPro 允许在当前工作区中访问其他工作区中的数据。

格式 1:工作区别名.字段名

格式 2:工作区别名 - > 字段名

【例 4.33】 在"例 4.32"的基础上,查看当前记录。

SELECT 1

USE student

? SELECT( )

SELECT 2 或 SELECT B

USE grade

SELECT 1

DISPLAY s _ number, s _ name, B - > grade

显示结果如下:

记录号　 S _ NUMBER　 S _ NAME　 B - > grade

　1　　 20054071001　 王芹　　　 94.0

在上例中看到,只能访问被访问表中的当前记录,当希望被访问表中记录指针随着当前表文件的记录指针的指向而移动时,就需要创建表间的关联来实现这个目的。

4.5.5 表的关联

表文件的关联是指不同工作区的记录指针建立一种临时联动关系,使当前工作区表的记录指针移动时,被关联的表的记录指针也会按照相应条件移动。此时,当前工作区的表称为父表或主动表,被关联的表称为子表或被动表。

在两个表间创建关联,必须以某一个字段为准,该字段称为关联字段。建立表之间的关联关系有以下两个前提条件:

(1)父表与子表必须有某一相同的关联字段,并且其值相等。

(2)子表必须以关联字段建立索引,并且把它设为主控索引。

关联关系分为"一对一"关系、"一对多"关系和"多对多"关系 3 种。

"多对多"关系中,表 A 中的每一条记录可以与表 B 中的多条记录相对应,而表 B 中的每一条记录,表 A 中也可以有多条记录与之联系。

【注意】在 Visual FoxPro 中,不能处理"多对多"关系。

1.一对一关联

所谓的一对一关联是指父表文件与子表文件中的记录只能是一对一的关系。

(1)命令方式。

格式:SET RELATION TO［＜关联关键字＞｜＜数值表达式＞］INTO ＜工作区号＞｜＜别名＞［ADDITIVE］

功能:将当前表与"INTO"选项所指定的工作区上的表按"关联关键字"创建关联。

说明:

① 关联关键字必须是父表文件和子表文件共有的字段,且子表已按关联关键字建立了索引。当父表中记录指针移到某一记录时,子表文件中记录指针自动指向关键字值与父表文件相同的第一条记录,当找不到匹配记录时,子表文件的记录指针指向表文件末尾。

② 若使用"数值表达式"创建关联,则当父表的记录指针移动时,子表文件的记录指针移至和父表文件中数值表达式值相等的记录。

③ "INTO ＜工作区号＞｜＜别名＞"是指定子表文件所在的工作区。

④ 若选择"ADDITIVE",则在创建新的关联的同时保持原有的关联,否则会取消原有的关联。

⑤ 省略所有选项时,会取消与当前表的所有关联。

【例 4.34】 将表文件 student.dbf 和 grade.dbf 以 s_number 为关键字段创建关联关系。

操作如下:

```
SELECT 2
USE grade
INDEX ON s_number TAG XH
SET ORDER TO TAG XH
SELECT 1
USE student
SET RELATION TO s_number INTO B
LIST s_number,s_name,B->grade
```

系统显示窗口显示的部分结果如下:

记录号	S_NUMBER	S_NAME	B->GRADE
1	20054071001	王芹	94.0
2	20054071005	高铁双	0.0
3	20054071002	刘景旺	87.8
4	20054071003	李思瑶	0.0
5	20054071007	盖迪	82.4
6	20054071006	张婉莹	0.0
7	20054071011	刘欢	73.0
8	20054071013	周宇男	77.6
9	20054071014	卫韡	0.0

10	20054071015	许化维	84.8
11	20054071004	孙源隆	82.4
12	20054071012	陈子亮	86.4
13	20054071008	胡秀俭	83.4

(2)菜单方式。

在 Visual FoxPro 系统菜单下,在"窗口"菜单中选择"数据工作期"选项,或在命令窗口中使用"SET"命令,打开如图 4.16 所示的窗口。

使用"数据工作期"对话框可以打开或显示表文件或视图,也可以创建临时关联关系,并设置工作区属性。该窗口包括 3 个部分,左边的别名列表框用于显示迄今已打开的表,并可以从多个表中选定一个当前表。右边的关系列表框用于显示表之间的关联状况。中间有 6 个按钮,其功能如下。

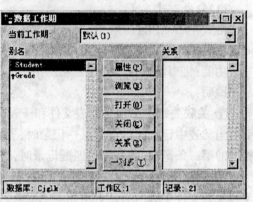

图 4.16 "数据工作期"对话框

① 属性按钮:用于打开工作区的属性对话框。单击该按钮弹出如图 4.17 所示的"工作区属性"对话框。在其中可修改表的结构、选择索引文件以及数据筛选条件。

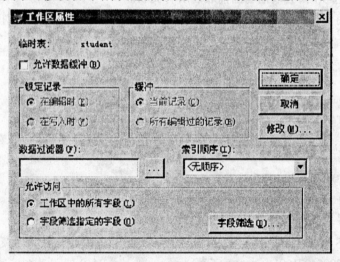

图 4.17 "工作区属性"对话框

② 浏览按钮:用于打开当前表文件的浏览窗口。单击该按钮,可浏览、编辑已有的记录。

③ "打开"按钮:用来打开表文件。单击该按钮弹出"打开"窗口,可在其中选择要打开的表或视图。

④ "关闭"按钮:用来关闭当前表文件。

⑤ "关系"按钮:用来以当前表文件为父表建立关联。

⑥ "一对多"按钮:用来建立一对多关系关联。

具体的操作步骤如下:

① 打开"数据工作期"窗口,单击"打开"按钮,将需要用到的表文件在不同的工作区打开。

② 在"别名"列表框中选择父表,在这里选中 student 表,单击"关系"按钮,将父表文件名移到"关系"列表框中,且下方引出一条线,如图 4.18 所示。

③ 在"别名"列表框中选择子表。如果子表尚未指定主控索引,系统会打开如图 4.19 所示的"设置索引顺序"对话框,指定子表文件的主控索引。

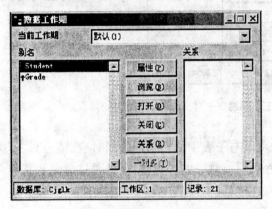

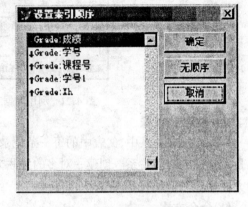

图 4.18 使用数据工作区创建关系　　　　图 4.19 "设置索引顺序"对话框

④ 选择主控索引后,系统弹出如图 4.20 所示的"表达式生成器(Expression Builder)"对话框。在"字段"列表框中选择关联关键字段,如"学号",然后单击"确定"按钮,返回"数据工作期"窗口。

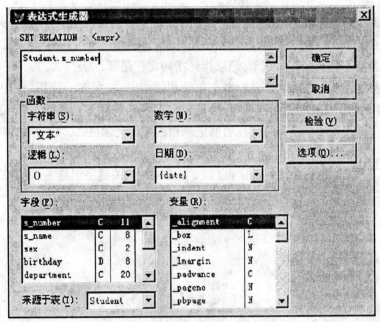

图 4.20 "表达式生成器"对话框

⑤ 此时,在"数据工作期"窗口的右侧列表框中出现了子表 grade 表,在父表和子表之间有一单线相连,说明在两表之间已经创建了一对一的关联,如图 4.21 所示。

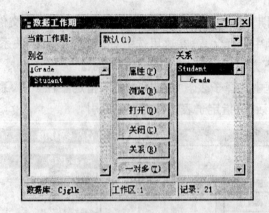

图 4.21　利用数据工作期建立一对一关系

2.一对多的关联

在"一对多"关系中,父表中的每一条记录可以与子表中的多条记录相对应。"一对多"关系是最常见的表间关系。创建一对多的关联方法同一对一方法类似,也可通过命令和菜单两种方法实现。

(1)命令方式。

格式:SET SKIP TO[< 别名 >]

功能:将当前表和其他工作区中的表创建一对多关联。

说明:

① "别名"指定子文件所在的工作区。

② 如果缺省所有选项,则取消主文件所创建的所有一对多关联,但一对一关联仍在。

③ 当前工作区表的指针移动时,别名表文件的记录指针指向第一个与关键字表达式值相匹配的记录,若找不到相匹配的记录,记录指针指向文件尾部,EOF()为.T.。

④ 当父表中的一个记录与子表的多个记录相匹配时,在父表中使用"SKIP"命令,并不使父表的指针移动,而子表的指针会向下移动,指向下一个与父表相匹配的记录;重复使用"SKIP"命令,直至在子表中没有与父表当前记录相匹配的记录后,父表的指针才真正向下发生移动。

【例 4.35】　将 course.dbf 和 grade.dbf 以 c_number 为关键字创建"一对多关联"关系。

操作如下:

```
SELECT 2
USE grade
INDEX ON c_number TAG KCH
SET ORDER TO TAG KCH
SELECT 1
USE course
SET RELATION TO c_number INTO B
SET SKIP TO B
BROWSE FIELD c_number,B - > c_number,c_name,B - > s_number
```

得到结果的浏览窗口如图 4.22 所示。

	课程编号	课程编号	课程名称	学号	
	B1072202	B1072202	模拟电子技术	20054071002	
	**********	B1072202	**********	20054071023	
	**********	B1072202	**********	20054071004	
	**********	B1072202	**********	20054071056	
	**********	B1072202	**********	20054071057	
	**********	B1072202	**********	20054071007	
	**********	B1072202	**********	20054071012	
	**********	B1072202	**********	20054071001	
	**********	B1072202	**********	20054071013	
	B1072203	B1072203	数字电子技术	20054071008	
	**********	B1072203	**********	20054071050	
	**********	B1072203	**********	20054071011	
	**********	B1072203	**********	20054071063	
	**********	B1072203	**********	20054071041	
	**********	B1072203	**********	20054071015	
	**********	B1072203	**********	20054071039	

图 4.22 浏览结果的窗口

(2)菜单方式。

利用菜单方式创建一对多的关联,实现"例 4.35"的要求。操作步骤如下:

① 打开"数据工作期"窗口,单击"打开"按钮,弹出如图 4.23 所示的"打开"窗口,在窗口中选择"grade",单击"确定"按钮,回到"数据工作期"窗口。

② 单击"打开"按钮,在"打开"窗口中选择"course",这样在"数据工作区"窗口中添加了两个表文件。

③ 选择"course",单击"关系"按钮,选择"grade",弹出如图 4.24 所示"设置索引顺序"对话框。

图 4.23 数据工作期"打开"对话框

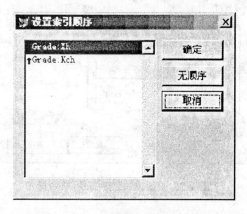

图 4.24 "设置索引顺序"对话框

④ 在"设置索引顺序"对话框中选择"Grade:Kch",然后单击"确定"按钮,弹出"表达式生成器"对话框,在字段列表框中双击"c_number"字段,然后单击"确定"按钮,如图 4.25 所示。

⑤ 在"数据工作期"窗口中单击"一对多"按钮,弹出 4.26 所示的"创建一对多关系"对话框。

⑥ 在打开的"创建一对多关系"对话框中选择子表"Grade",单击"移动"按钮,然后单击"确定"按钮,弹出如图 4.27 所示的"数据工作期"窗口。

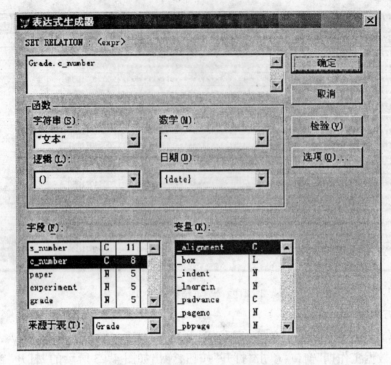

图 4.25 利用表达生成器生成表达式

在父表与子表之间有一双线相连,说明在两表之间已经创建了一对多的关联。单击"浏览"按钮即可观察"一对多关联"关系的对应关系。

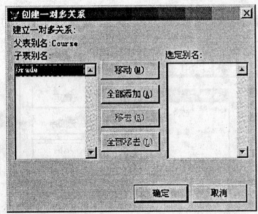

图 4.26 "创建一对多关系"对话框

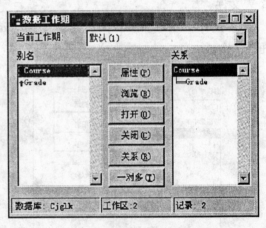

图 4.27 利用数据工作期创建一对多关系

4.5.6 创建表之间的永久关系

永久关系是指两个数据库表文件之间通过索引连接的关系。该关系建立后将存储在数据库文件(.dbc)中,只要不做删除或变更就一直存在,因而称为永久关系。

1.建立永久关系的前提条件

(1)父表和子表必须具有某一相同的字段,且相应的值相等。

(2)每个表文件都要用该字段建立索引,并且父表的索引类型必须是主索引;而子表的索引类型可以是主索引、候选索引、普通索引和唯一索引中的任意一种。

若子表的索引类型是主索引或候选索引,则表之间关系是"一对一"的关系;若子表的索引类型是普通索引或唯一索引,则表之间关系是"一对多"的关系。

2."永久关系"与"关联关系"之间的区别

(1)"永久关系"只能在数据库表文件之间建立,而"关联关系"既可以在自由表文件之间建立,也可以在数据库表文件之间建立。

(2)"永久关系"只能有"一对一"关系和"一对多"关系,而"关联关系"可以有"一对一"关系、"一对多"关系和"多对多"关系。

(3)"永久关系"在查询和视图中起连接作用,而"关联关系"是控制关联表的记录指针的有序移动。

3.创建表文件之间"一对一"的永久关系

(1)打开数据库文件,进入"数据库设计器"窗口。

(2)为各表文件中需要建立永久关系的字段建立索引。即对父表中与子表同名字段建立主索引,而对子表中与父表同名字段建立候选索引或主索引。

(3)将父表中的主索引用鼠标拖动到子表的相应索引上,数据库中的两个表间就有一个"连线","一对一"关系就此实现了。

4.创建表文件之间"一对多"的永久关系

(1)打开数据库文件,进入"数据库设计器"窗口。

(2)为各表文件中需建立永久关系的字段建立索引。即对父表中与子表同名字段建立主索引,而对子表中与父表同名字段建立普通索引或唯一索引。

(3)将父表中的主索引用鼠标拖到子表的相应索引上,数据库中的两个表间就有了一个"连线","一对多"关系就此实现了。"连线"的一端为一根,而另一个端为三根,这表示"一对多"关系。

5.删除表间的永久关系

若想删除一个建立好的表间的某一永久关系,可用鼠标单击对应关系连线,当该连线变粗后,按下"删除"键;或者在对应的关系连线处单击鼠标右键,在弹出的快捷菜单中选择"删除"命令即可。

【例 4.36】 按照上述方法,为"cjglk"数据库各表创建永久关系:

(1)student 表和 grade 表之间是一对一的联系,连接字段为 s_number。

(2)grade 表和 course 表之间是一对多的联系,连接字段为 c_number。

操作如下:

打开数据库文件(cjglk),可以看到数据库设计器,将 grade 表的"xh"索引标识拖到 student 表的"xh"索引标识上,即可创建 student 表和 grade 表的"一对一"永久关系。同样将 course 表的"kch"索引标识拖到"grade"表的"kch"索引标识上,即可创建 course 表与 grade 表的"一对多"永久性关系,如图 4.28 所示。

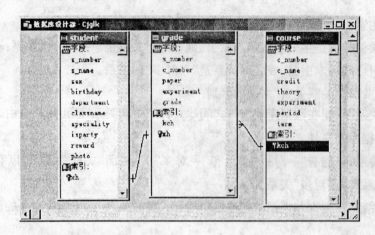

图 4.28 表永久关系对话框

4.5.7 设置参照完整性

参照完整性(Referential Integrity,RI)是数据库表文件之间的一种验证规则。对于两个具有永久性关系的数据库表,当对一个表更新、删除或插入一条记录时,如果另一个表尚未作相应的变化,这就破坏了数据的完整性。为了保证数据的完整性,Visual FoxPro 提供了建立表间参照完整性规则,用户可以通过参照完整性生成器来保证数据完整性的要求。

1.参照完整性生成器

在创建参照完整性之前必须首先清理数据库,其目的是物理删除数据库各个表中所有带有删除标志的记录。操作方法是:选择"数据库"/"清理数据库"菜单。

打开"参照完整性生成器"有4种方法,分别如下:

(1)打开"数据库设计器",在系统菜单中单击"数据库"/"编辑参照完整性"。

(2)在"数据库设计器"中的空白处右键单击,弹出"数据设计器"快捷菜单,在其中选择"编辑参照完整性"。

(3)双击两表文件间的连线,在弹出"编辑关系"对话框中单击"参照完整性"按钮,如图4.29所示。

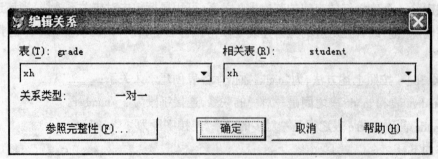

图 4.29 "编辑关系"对话框

(4)右键单击两表文件之间连线,在弹出的快捷菜单中选择"编辑参照完整性"。

按以上方法均可打开如图 4.30 所示的"参照完整性生成器"窗口。

参照完整性生成器窗口有"更新规则"、"删除规则"和"插入规则"3 个选项卡,在这里以

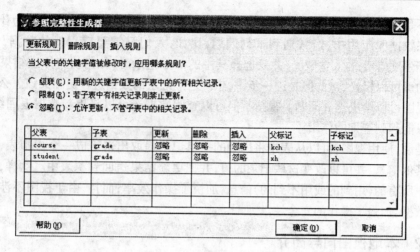

图 4.30 参照完整性生成器

"更新规则"选项卡为例,在窗口中有 3 个单选按钮,分别是"级联"、"限制"和"忽略",下面是一张表格,表格的每一行表示一个永久性关系,每一个关系对应着"更新"、"删除"、"忽略"3 个值。

"更新规则"选项卡的 3 个单选按钮的功能如下:

(1)级联:当更改当前表中的关键字值时,系统用新的关键字值更改子表中所有相应的记录。

(2)限制:当更改父表中的某一记录时,若子表中有相应的记录,则禁止父表中的关键字值被修改。

(3)忽略:两表更新操作将互不影响。

2.设置参照完整性

设置参照完整性的步骤如下:

(1)打开"参照完整性生成器"窗口。

(2)根据需求选择选项卡。

(3)在表格中输入要连接的父表和子表名,并设置"设置参照完整性规则"(即"级联"、"限制"、"忽略")。

4.6 视 图

4.6.1 什么是视图

视图是一个定制的虚拟表,可以是本地的、远程的或带参数的;其数据可以来源于一个或多个表,或者其他视图;它是可更新的,可以引用远程表;它可以更新数据源。

视图是基于数据库的,因此,创建视图之前必须有数据库。

Visual FoxPro 6.0 的视图可以分为本地视图和远程视图。本地视图的数据源是那些没有放在服务器上的当前数据库中的 Visual FoxPro 表。远程视图的数据源则是来自当前数据库之外,既可以是放在服务器上的数据库表或自由表,又可以是来自远程的数据源。

视图不是"图",而是观察表中信息的一个窗口,相当于定制的浏览窗口。那为什么还要引入它呢? 在数据库应用中,经常遇到下列问题,比如,人们只需要感兴趣的数据,如学号以"2004407"开头的学生的入党情况,并只选择其中的部分记录时,如何快速知道结果呢? 用查询。查询的确可以轻松实现,但是进一步讲,想对这些记录的数据进行更新又该怎么办? 为数据库建立视图可以解决这一问题。视图不但可以查阅数据还可以将更新数据返回给数据库,而查询则只能起到查询的作用。

也就是说,使用视图,可以从表中将用到的一组记录提取出来组成一个虚拟表,而不管数据源中的其他信息,并可以改变这些记录的值,并把更新结果送回到源表中。这样,就不必面对数据源中所有的(用到的或用不到的)信息,加快了操作效率;而且,由于视图不涉及数据源中的其他数据,加强了操作的安全性。

4.6.2 本地视图向导简介

和其他向导一样,本地视图向导也是一个交互式程序,只需要根据屏幕提示回答一系列问题或选择一些选项就可以建立一个本地视图,而无须考虑它是如何建立的。这里以建立单表视图(基于一个表的视图)为例进行介绍。

本地视图向导可以通过多种方法打开,如从"工具"/"向导"/"全部"中打开、从项目管理器中打开、从"文件"/"新建"中打开等,这里介绍从"数据库"菜单中打开。

(1)打开"数据库设计器",打开"数据库"菜单或鼠标指向"数据库设计器"并单击右键。

(2)选择"新建本地视图",单击"视图向导"按钮,即进入图 4.31 所示的"本地视图向导"窗口的"步骤 1 – 字段选取"。

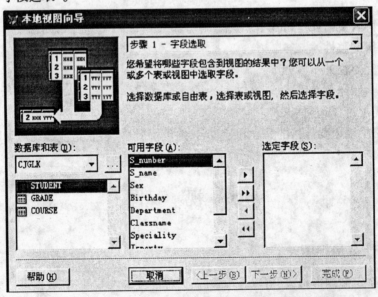

图 4.31 本地视图向导

可以从几个表或视图中选取字段。首先从一个表或视图中选取字段,并将它们移动到"选定字段"框中,如果是多表视图则再从另一个表或视图中选取字段,并移动它们。这里选取 STUDENT 中的部分字段。按"下一步"按钮进入"步骤 3 – 筛选记录"。

【注意】如果选中多个表,则进入和"步骤 2a – 包含记录"后再进入"步骤 3 – 筛选记录";

如果选中单个表,则直接进入"步骤3 – 筛选记录"。

步骤2 – 为表建立关系(本例不涉及),如图4.32所示对话框。

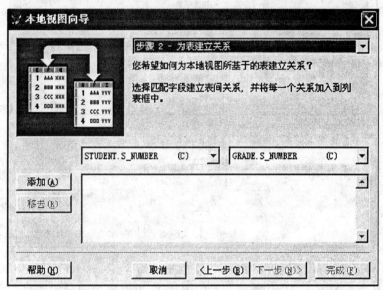

图4.32 为表建立关系界面

从两个下拉式列表中选择字段,然后选择"添加"。如果在视图中使用多个表,必须通过指明每个表中哪个字段包含匹配数据来联系这些表。

步骤2a – 字段选取(本例中不涉及),如图4.33所示对话框。

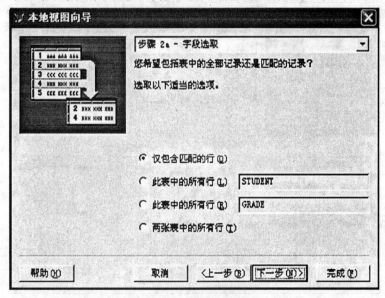

图4.33 字段选取界面

通过只从两个表中选择匹配的记录或者任何一个表中的所有记录,可以限制查询范围。默认情况下,只包含匹配的记录。

步骤3 – 筛选记录。在这里查看S_NUMBER为"2004407"开头的党员的情况,如图4.34所示对话框。

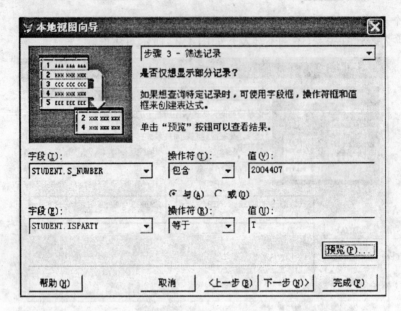

图 4.34 筛选记录界面

通过创建从所选的表或视图中筛选记录的表达式,可以减少记录的数目。可以创建两个表达式,然后用"与"连接,将返回同时满足两个指定条件的记录;如果用"或"连接,则返回至少符合其中一个条件的记录。选择"预览"可以查看基于筛选条件的记录。

本例中建立两个表达式"STUDENT.S _ NUMBER 包含 2004407"和"STUDENT. ISPARTY 等于 T"。按"下一步"按钮进入"步骤 4 – 排序记录",如图 4.35 所示。

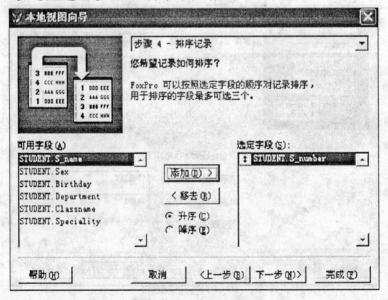

图 4.35 排序记录界面

这一步最多选择三个字段或一个索引标识以确定视图结果的排序顺序。选择"升序"视图按升序排序,选择"降序"视图按降序排序。本例中选择"STUDENT.S _ number"作为索引字段,并按"升序"排列。按"下一步"按钮进入"步骤 4a – 限制记录",如图 4.36 所示。

可以通过指定一定百分比的记录,或者选择一定数量的记录,来进一步限制视图中的记录

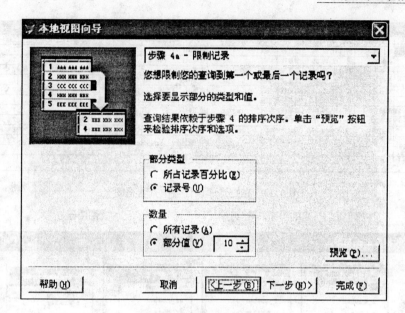

图 4.36 限制记录界面

数目。例如,要查看前 10 条记录,可选择"数量",然后在"部分值"框中输入 10。按"下一步"按钮进入"步骤 5 – 完成",如图 4.37 所示。

图 4.37 完成界面

按"预览"可以进入"预览"窗口,如图 4.38 所示。选择合适的选项并按"完成"按钮,学生表视图出现在"数据库设计器"窗口了,如图 4.39 所示。可以看到,视图和表的图标不一样。表的图标是一个表格形式,视图则是两个表格加一支笔。

视图可以像表一样进行操作,如双击它的窗口可以进入浏览窗口。

实际上,它就是 STUDENT 的一部分:部分记录和部分字段。需要注意的是视图保存在数据库中,要打开视图须先打开该数据库。

预览

S_number	S_name	Sex	Birthday	Department	Classname	Speciality	Isparty	Reward
20044072009	车广发	男	04,29,85	信息技术学院	农电041	农业电气化与自动化	T	Memo
20044072011	孙长龙	男	12,19,85	信息技术学院	农电041	农业电气化与自动化	T	Memo
20044072037	王佳平	女	07,20,86	信息技术学院	农电041	农业电气化与自动化	T	Memo
20044073113	郑程飞	男	01,13,84	信息技术学院	电气041	电气工程及其自动化	T	Memo
20044073138	刘召霞	女	09,19,83	信息技术学院	电气041	电气工程及其自动化	T	Memo
20044073229	张金贞	男	12,12,83	信息技术学院	电气041	电气工程及其自动化	T	Memo
20044074134	李晓红	女	12,29,84	信息技术学院	通信041	通信工程	T	Memo
20044074136	蔡雪莲	女	01,24,86	植物科技学院	植保041	植物保护系	T	Memo
20044074207	张志成	男	06,24,85	信息技术学院	通信041	通信工程	T	Memo
20044074217	李顺利	男	05,06,83	信息技术学院	通信041	通信工程	T	Memo

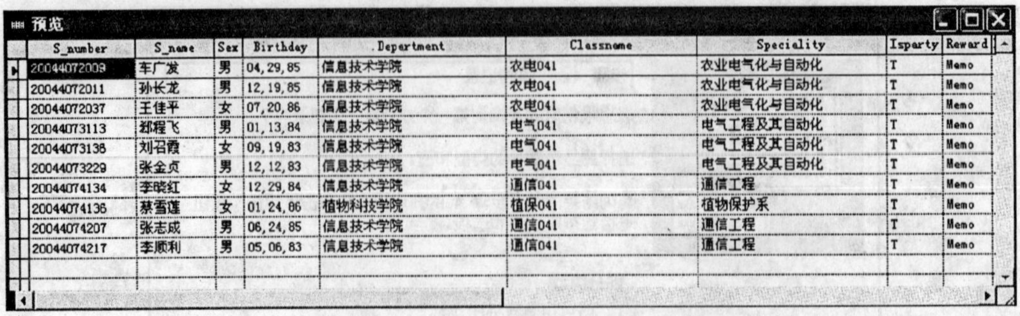

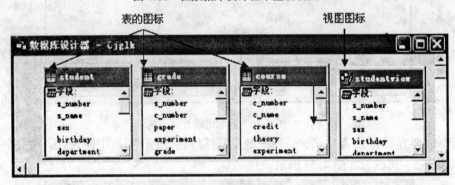

图 4.38　在数据库设计器中查看视图

图 4.39　浏览数据

4.7　SQL 语言简介

SQL 语言是指结构化查询语言(Structured Query Language,SQL),是一个通用的、功能强大的关系数据库语言,目前已经成为关系数据库的标准。Visual FoxPro 提供了对 SQL 语言的支持。

4.7.1　SQL 简介

1.SQL 语言的发展史

最早的 SQL 是 IBM 的圣约瑟研究实验室为其关系数据库管理系统 SYSTEM R 开发的一种查询语言,它的前身是 SQUARE 语言。SQL 语言结构简洁,功能强大,简单易学,所以自从 IBM 公司 1981 年推出以来,得到了广泛的应用。如今,无论是 Oracle、Sybase、Informix、SQL server 这些大型的数据库管理系统,还是像 Visual FoxPro、PowerBuilder 这些微机上常用的数据库开发系统,都支持 SQL 语言作为查询语言。

2.SQL 的主要功能

SQL 的功能包括 3 类:数据定义功能、数据操纵功能和数据控制功能。

(1)数据定义功能。这一部分又称为“SQL DDL”,定义数据库的逻辑结构,包括定义数据库、基本表、视图和索引 4 部分。

(2)数据操纵功能。这一部分又称为“SQL DML”,其中包括数据查询和数据更新 2 大类操作,其中数据更新又包括插入、删除和更新 3 种操作。

(3)数据控制功能。这一部分又称为"SQL DCL",对用户访问数据的控制有基本表和视图的授权、完整性规则的描述、事务控制语句等。

SQL 语言的常用语句见表 4.1。

表 4.1　SQL 语言的常用语句

SQL 功能	动词
数据查询 DQ	SELECT
数据定义 DD	CREATE、DROP、ALTER
数据操纵 DM	INSERT、UPDATE、DELETE
数据控制 DC	GRANT、REVOKE

4.7.2　SQL 的基本操作

1.表的定义

通过 SQL 定义表使用"CREATE TABLE"命令,其基本格式如下:

CREATE TABLE ＜表名＞(＜列名＞　＜数据类型[宽度,[小数位数]]＞…)

说明:

(1)＜表名＞指所要定义的基本表的名字。

(2)＜列名＞　＜数据类型[宽度,[小数位数]]＞是指组成该表的各个属性(列)的名称、数据类型、总宽度及小数位数。

【例 4.37】　创建学生成绩表(Grade)。

CREATE TABLE Grade;　　&&";"为续行符

(S_number C(11),;

C_number C(8),;

Paper N(5,1),;

Experiment N(5,1),;

Grade N(5,1))

2.数据的插入

SQL 语言的插入命令为"INSERT"命令,其格式如下:

INSERT INTO ＜表名＞[(＜列 1＞[,＜列 2＞…)]] VALUES(＜表达式 1＞[,＜表达式 2＞…])

说明:

(1)若在表名后指定列名,则插入的记录中仅包含指定列的值,且"VALUES"后的表达式的个数与数据类型应与表名后的列的个数与数据类型匹配。

(2)若在表名后不指定列名,则为所有列插入数据。

【例 4.38】　向 Grade 表中插入一条新记录。

INSERT INTO Grade(s_number,c_number,paper,experiment);

VALUES('20054071001','S2071102',78,80)

3.数据的删除

SQL 语言的删除命令为"DELETE"命令,其格式如下:

格式:DELETE FROM ＜表名＞［WHERE ＜条件＞］

说明:若无"WHERE"子句,则逻辑删除表中所有记录。

【例 4.39】 删除 Grade 表中卷面成绩小于 60 的记录。

DELETE FROM Grade WHERE Paper < 60

4.数据查询

SQL 语言的查询命令为"SELECT"命令,其格式如下:

SELECT［ALL | DISTINCT］

  ＜列表达式 1＞［AS 列别名 1］［, ＜列表达式 2＞［AS 列别名 2］］ ...

  FROM ＜表名［AS 表别名 1］＞［, ＜表名［AS 表别名 2］＞ ...］

  ［WHERE ＜条件表达式＞］

  ［GROUP BY ＜列名＞［HAVING ＜条件表达式＞］］

  ［ORDER BY ＜列名＞［ASC | DESC］］

说明:

(1)ALL:输出包括重复记录在内的所有记录。

(2)DISTINCT:表示输出无重复记录。

(3)列、表别名:列别名为查询列指定别名。表别名为选择多个数据库表中的字段时,可以使用别名来区分不同的表。

(4)WHERE:用于指定查询条件,筛选出满足条件的记录。

(5)GROUP BY:将查询结果按属性列或属性列组合在行的方向上进行分组,每组在属性列组合上具有相同的值。

(6)HAVING:作用于组,选择分组中满足条件的记录,必须用于"GROUP BY"子句之后。

(7)ORDER BY:对查询结果表按指定的列值的升序或降序排序。ASC 为升序,DESC 为降序,缺省的时候为升序。

【例 4.40】 从 Student 表中查询非党员,并设置相应的别名。

SELECT S _ number AS xuehao, s _ name AS xingming, sex FROM Student AS xuesheng WHERE is Party = . F.

【例 4.41】 从 Crade 表中查询课程号及相应的选课人数。

SELECT C _ number, count(S _ number) FROM grade GROUP BY c _ number

【例 4.42】 从 Student 表中查询所有记录。

SELECT * FROM Student

【注意】 在 SQL 中,若要查询表中的所有列,可用"*"表示。

小　结

本章主要介绍了表记录的操作及维护,包括记录的添加、显示和查询、统计和汇总、索引和排序及视图等知识。重点在于表记录的一些基本操作,有些操作有两种方式或更多。

习 题

一、问答题

1.数据库保存的是否就是它所包含的表中的内容？

2.修改数据库使用什么工具？怎样修改？

3.删除数据库，应该怎样操作？

4.Visual FoxPro 中定义了哪几种表？有什么区别？怎样创建？

5.字段有效性规则和记录有效性规则有什么区别？怎样创建？

6.如何输入备注型和通用型字段的内容？它们保存在哪里？都是什么类型的？

7.如何查看和修改表的结构？

8.“DISPLAY”和“LIST”命令有什么区别？

9.如何向表添加记录？都有哪些添加方式？

10.逻辑删除和物理删除的含义是什么？有什么区别？

11.表的排序和索引有什么区别？怎样使用？

12.索引的类型都有哪些？有什么区别？

13.查询的类型都有哪些？有什么区别？

14.什么是工作区？怎样选择工作区？

15.什么是视图？怎样利用向导创建简单视图？

二、对 student 表，进行下列操作

1.显示第 15 号记录。

2.连续列出 1985 年 1 月 1 日以后出生的学生的姓名、出生日期、专业。

3.在表的第四条记录后添加一条新记录。

4.修改增加的记录。

5.将表复制到名为 newstu 的新表中，并物理删除奇数的记录。

6.将表结构复制到名为 newstu2 的新表中，并且添加四条新的记录。

7.分别求男、女生的平均年龄。

8.查找并显示第一条是信息技术学院的记录

9.建立一个结构复合索引文件，其中包含两个索引：记录以学号降序排列；记录以出生日期升序排列。

10.查询年龄最大和最小的学生记录。

11.统计 1985 年出生的学生人数，并存入变量 n 中。

12.以 s _ number 为关键字段，与表 grade 建立关联关系。

第5章 结构化程序设计

本章重点：顺序结构、分支结构、循环结构的基本结构、子程序、过程及调用、用户自定义函数、内存变量的作用域。

本章难点：子程序、过程及调用、内存变量的作用域。

5.1 程序概述

5.1.1 程序的概念

所谓程序就是由多条命令按一定规则，为完成一定任务而组织起来的一个有机的序列。简言之，程序是一个命令序列。Visual FoxPro 源程序就是根据问题的处理要求，由用户使用 Visual FoxPro 提供的命令、函数和控制语句等组成的计算机执行序列。序列的设计、编码、调试过程称为程序设计，程序设计的产品就是程序。

Visual FoxPro 的功能有两种执行方式：一种为命令执行方式，即前几章中学过的菜单功能以及命令窗口的操作方式；另一种为程序执行方式，即预先将多条命令按一定规则组织成一个有机的序列，并且存放起来，需要时，执行该命令序列（即程序），即可完成计算机自动执行命令的功能。

程序被存放在外存中时，这个程序就被称为程序文件，也称为 Visual FoxPro 的源程序文件，此类文件的文件属性为文本文件。当需要执行这个命令序列时，运行相应的程序，系统就会按照一定的顺序自动执行相应程序文件中的命令。

与在命令窗口逐条输入执行命令相比，采用程序方式有如下优点：

(1)可以利用 Visual FoxPro 自带编辑器，或其他编辑软件如记事本(NotePad)等，方便地输入、修改和保存程序。

(2)可以利用 Visual FoxPro 环境下的菜单命令、项目管理器操作及操作系统环境下等多种方式，多次运行程序。

(3)程序之间可以互相调用，即可以在一个程序中调用另一个程序，在一定程度上实现了处理过程共享。

5.1.2 程序文件的建立、修改与执行

必须先建立程序文件，才能在计算机上执行这个程序；如果程序有错或要改进，则需再次将程序显示出来进行修改后执行。

1.建立程序文件

虽然在其他的编辑软件(如记事本)中也能建立和修改程序文件,但是通常用户还是较常用 Visual FoxPro 系统内置文本编辑器建立和修改程序文件。以下以系统内置文本编辑器为例。

建立程序文件的步骤如下:

(1)单击"文件"/"新建"菜单项,在"新建"对话框中选择"程序"单选按钮,并单击"新建文件"按钮。

(2)在打开的文本编辑窗口中逐条输入命令和其他相关内容,输入过程中可随时编辑修改程序文本,常用的编辑功能键有退格键和光标移动键。输入、编辑操作的方法与普通文本编辑操作基本相同。

Visual FoxPro 中还可在项目管理器中的"代码"选项卡建立程序文件。

2.修改程序文件

对一个已经保存在外存中的程序文件进行修改,必须先对该程序文件作"打开"操作,以便在显示屏幕上看到该程序,然后修改。有两种方法:菜单法和命令法。

(1)菜单法。

①单击"文件"/"打开"菜单项,弹出"打开"对话框。

②在"文件类型"列表框中选择"程序"项。

③在文件列表框中选定要打开修改的程序文件,并单击"确定"按钮。

编辑修改后,需再次单击"文件"/"保存"菜单项保存修改后的程序文件。若需保留修改之前的程序文件,此时可另取文件名或保存位置另存,单击"文件"/"另存为"菜单项后输入新的文件名或新的放置位置后保存。若要放弃本次修改,单击"文件"/"还原"菜单项或按 Esc 键。

(2)命令法。用命令方式建立和修改程序文件。

格式 1:MODIFY COMMAND[< 盘符 >][< 路径 > \ ][< 文件名 > [.prg]]

格式 2:MODIFY FILE[< 盘符 >][< 路径 > \ ][< 文件名.prg >]

功能:在指定盘符、路径下建立或修改程序文件。

说明:格式 1 中可省略扩展名,扩展名为系统默认的".prg";格式 2 中文件名后必须指定扩展名".prg",否则省略后系统默认扩展名为".txt"。省略盘符与路径将在默认目录下建立或修改程序文件。省略文件名时,系统自动命名为"untitled.prg"。

3.保存程序文件

程序输入、编辑完毕,单击"文件"/"保存"菜单项,或按 Ctrl + W 键,在"另存为"对话框中指定程序文件的存放位置和文件名,并单击"保存"按钮,即可保存该程序文件并退出文本编辑器,且程序文件的默认扩展名是".prg"。

4.执行程序

程序文件建立后,可以用多种方式,多次执行它。下面是两种常用的方式。

(1)菜单方式。

① 单击"程序"/"运行"菜单项,打开"运行"对话框。

② 从文件列表框中选择要运行的程序文件,单击"运行"按钮,启动运行该程序文件。采用此方式运行程序文件时,系统会将程序文件所在的盘符和目录设置为程序执行时的默认目录。

(2)命令方式。

格式:DO[<盘符>][<路径> \ ] <文件名>

功能:执行指定 <盘符> 指定 <路径> 下的指定程序文件。

说明:命令中,程序文件的扩展名".prg"可以省略;省略 <盘符> 和 <路径> ,执行系统默认目录下的程序文件;程序执行完毕,返回命令窗口。

该命令既可在命令窗口中执行,也可以在某程序文件中执行,即在程序中可以通过"DO"命令调用另一个程序。

在执行所指定的程序文件时,将依次执行文件中包含的命令,直到所有命令执行完毕,或者执行到以下命令:

① CANCEL:终止程序执行,清除所有的局部变量,返回命令窗口。

② DO:调用执行另一个程序。

③ RETURN:结束程序,返回调用它的上级程序,若无上级则返回命令窗口。

④ QUIT:结束程序执行并退出 Visual FoxPro,返回操作系统。

Visual FoxPro 程序文件通过编译、连编,可以产生不同的目标代码文件,这些文件具有不同的扩展名。当用"DO"命令执行程序文件时,如果没有指定扩展名,系统将按下列顺序寻找程序文件的源代码或某种目标代码文件执行:.exe(Windows 可执行文件)、.app(Visual FoxPro 应用程序文件)、.fxp(编译文件)、.prg(源程序文件)。

【例 5.1】 编程显示数据库 cjglk 中的 student.dbf 的表的结构和所有记录。

源程序如下:

NOTE 程序名: ex5 - 1.prg

NOTE 程序功能: 显示学生表 student.dbf 的结构和记录

```
SET TALK OFF              && 取消对话方式
CLEAR                     && 清除系统主窗口或当前窗口的全部内容
OPEN DATABASE cjglk       && 打开数据库 cjglk
USE student.dbf           && 打开 student.dbf 表
LIST STRUCTURE            && 显示 student.dbf 表结构
LIST                      && 显示 student.dbf 表的记录
CLOSE DATABASE            && 关闭当前数据库
SET TALK ON               && 恢复对话方式
RETURN
```

上述是一个非常简单的 Visual FoxPro 程序。它是由多条命令组成的,在书写格式上:一条命令占一行;每条命令以 Enter 键结束;一行最多只能写一条命令,但一条命令可以写在连续的若干行上,除最后一行以外每行以";"后加 Enter 键结束,最后一行以 Enter 键结束。

Visual FoxPro 中的注释语句,可独立成为语句或放在其他语句行的后面。注释语句的作用是对程序作注释或说明其他的相关信息,计算机对注释语句不执行任何操作,同时程序执行时,注释内容不显示。注释语句的功能是增强程序文件的易读性或放弃注释内容中语句的执行。共有 3 种格式:

格式 1:NOTE <注释内容>

"NOTE"注释语句常用于程序开头,说明程序名称、编制日期和主要功能。

格式 2:* <注释内容>

"＊"注释语句常用于某具体语句之前,表示注释或放弃该语句的执行。

格式 3:&& <注释内容>

"&&"用于某条语句后,说明该语句的作用。

【注意】一条注释语句最多包含 254 个字符,若注释内容一行写不下,应在这行末尾加分号并按 Enter 键后,再在下一行输入其余内容;注释标记 NOTE 后面至少要有一个空格,注释内容不需要用引号括起来。

5.1.3　简单的输入输出命令

输入输出命令是用户和计算机之间的桥梁,在编制程序的过程中,通常要提供一些原始数据。这些数据有些是已确定的,有些是变化的,在编制程序时不能确定,要根据用户需要在程序执行时交互式输入。为了在程序执行过程中,能够交互式输入数据,Visual FoxPro 系统提供 3 条常用交互式输入命令。

1.ACCEPT 命令

格式:ACCEPT　[<提示信息>]　TO <字符型内存变量>

功能:接收用户从键盘上输入的字符串赋给字符型内存变量。

说明:在程序执行过程中,显示 <提示信息>,等待输入;然后用户输入任意可显示的 ASCII 字符和汉字,按 Enter 键结束数据输入;此时系统将用户输入的内容作为字符串赋值给指定的内存变量。

【注意】该命令只接收字符型数据,输入的字符串不需要加定界符。<提示信息>一般为字符串或字符型表达式。

【例 5.2】　编程从键盘上输入某数据表文件名,打开该数据表并显示其内容。程序文件名为 ex5 - 2. prg。

在命令窗口下键入:MODIFY COMMAND ex5 - 2. prg 进入程序编辑器后,键入下列命令序列:

```
NOTE 程序名：　ex5 - 2. prg
SET TALK OFF
CLEAR
ACCEPT "请输入数据表文件名:" TO tablefile
＊上条语句的作用是从键盘上输入文件名作为字符串赋给字符型变量 tablefile
USE &tablefile        && 取出字符变量 tablefile 中的文件名,并打开它
LIST
USE
SET TALK ON
RETURN
```

上述程序在执行时,执行到"ACCEPT"命令时,将处于等待状态,此时输入文件名,如 grade. dbf 并按 Enter 键后,程序继续执行;将打开 grade. dbf 数据表文件,显示其中的所有记录;最后关闭当前文件返回。

【例 5.3】　编程在 cjglk 数据库的 student. dbf 表中查找并显示任意一名同学的信息。程序文件名为 ex5 - 3. prg。

进入程序编辑器后键入下列命令序列:

```
NOTE 程序名:ex5 - 3.prg
SET TALK OFF
CLEAR
OPEN DATABASE cjglk
USE student
ACCEPT "请输入学号:" TO xh          && 将欲查找的学生的学号输入到变量 xh 中
LOCATE FOR s _ number = xh          && 定位在字段 s _ number 与变量 xh 的值匹配的记录上
DISPLAY                              && 显示当前记录
CLOSE DATABASE
SET TALK ON
RETURN
```

2. INPUT 命令

格式:INPUT [< 提示信息 >] TO < 内存变量 >

功能:接收用户从键盘上输入的任意数据或表达式,赋给内存变量。

说明:在程序执行过程中,暂停程序的执行,屏幕显示 < 提示信息 > ,并等待用户输入数据或表达式,并将数据或表达式的值赋给指定的内存变量。

"INPUT"命令可以输入字符型、数值型、逻辑型、日期型和日期时间型等类型的数据,而且可以是常量、变量、函数或表达式等形式,按 Enter 键结束输入。

【注意】 如果输入的是字符串,必须用定界符括起来;如果输入的是变量,该变量必须已经赋值;如果输入的是函数或表达式,"INPUT"命令先计算求值后再将该值赋给内存变量。

【例5.4】 编写程序,从键盘输入长方形的长和宽,求长方形的面积。

程序代码如下:

```
NOTE 程序名:ex5 - 4.prg
SET TALK OFF
CLEAR
INPUT "请输入正方形的长: " TO a          && 将正方形的长键入赋值给变量 a
INPUT "请输入正方形的宽: " TO b          && 将正方形的长键入赋值给变量 b
S = a * b                                && 求长方形面积值赋值给变量 S
?"长方形的面积为: ",S                    && 在光标所在位置显示长方形的面积
SET TALK ON
RETURN
```

3. WAIT 命令

格式:WAIT[< 提示信息 >][TO < 字符型内存变量 >][WINDOW[AT < 行 > , < 列 >]][NOWAIT][CLEAR|NOCLEAR][TIMEOUT < 数值表达式 >]

功能:暂停程序的运行,接收用户从键盘上输入的单个字符赋给字符型内存变量。

说明:"WAIT"语句主要用于以下两种情况。

(1)暂停程序的运行,以便观察程序的运行情况,检查程序的中间结果。

(2)根据实际情况输入某个字符,控制程序的执行流程。

各选项说明:

(1)若选择可选项"TO < 字符型内存变量 > ",将输入的单个字符作为字符型数据赋值给指定的内存变量;若用户是按 Enter 键或单击鼠标左键, < 字符型内存变量 > 的值为空字符串。

(2)通常,提示信息显示在 Visual FoxPro 主窗口或当前用户自定义窗口中,如果指定了 WINDOW 子句,则会出现一个 WAIT 提示窗口显示提示信息。提示窗口一般位于主窗口的右上角,也可用"AT"短语指定显示位置。

(3)若选择"NOWAIT"短语,系统将不等待用户按键继续执行。

(4)若选择"NOCLEAR"短语,则不关闭提示窗口,直到用户执行下一条"WAIT WINDOW"命令或"WAIT CLEAR"命令为止。

(5)"TIMEOUT"子句用来设定等待时间的秒数。选择此项设定,一旦超时就不再等待用户按键,自动往下执行。

(6)若省略"提示信息"选项,屏幕显示"键入任意键继续..."默认提示信息。

5.2 顺序结构

程序是由若干命令(包括输入输出命令)通过一定的结构组合而成的,即程序结构指程序中命令或语句执行的流程结构。程序的基本结构有 3 种:顺序结构、分支结构和循环结构。本节介绍顺序结构程序设计。

5.2.1 顺序结构流程及常用命令

1.顺序结构流程图

顺序结构是最简单的程序结构,它按命令在程序中出现的先后次序依次执行,也就是说,在一般情况下,从头至尾按序执行每一行语句或命令,直到遇到结束语句停止执行为止。如上节中的"例 5.1"、"例 5.2"中的程序都是顺序结构的。顺序结构的流程图如图 5.1 所示。图中的矩形框表示一个处理过程,带箭头的直线箭头方向表示程序的执行方向。

2.常用相关命令

(1)SET TALK 命令。

格式:SET TALK ON/OFF

功能:打开或关闭人机对话。

说明:在 Visual FoxPro 中,TALK 的初始状态为 ON,在这种状态下,系统在执行一些非显示语句时,将把执行结果等信息送到显示器显示。在调试程序时,这种方式是极为有利的,但

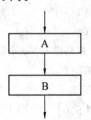

图 5.1 顺序结构流程图

在执行程序时,一般都不希望如此,此时可用"SET TALK OFF"命令改变 TALK 的状态。当 TALK 处于 OFF 时,屏幕上只输出显示命令要求输出的结果。

(2)TEXT 命令。

格式:TEXT

　　　　< 文本字符 >

　　ENDTEXT

功能:在屏幕上原样输出 < 文本字符 > 中的内容,一般用来向用户输出一段提示信息。TEXT 与 ENDTEXT 在程序中必须配对使用,缺一不可。

(3)@命令。

@命令的格式比较复杂,在此介绍最简单的两种格式:

① 屏幕输出格式命令。

格式：@ < 行,列 > SAY < 表达式 >

功能：在屏幕的第 X 行,第 Y 列上显示表达式的内容,该表达式可以是常量、变量。

说明：利用屏幕输出格式命令,用户可以在桌面的任何一个坐标点上显示有关的内容。通常屏幕的左上角的坐标为 0,0,而右下角的坐标为 23,79。

② 屏幕输入格式命令。

格式：@ < 行,列 > ［SAY < 表达式 >］ GET < 变量 >

功能：在第 X 行第 Y 列上首先输出 < 表达式 > 的内容,然后,接收用户从键盘上输入的内容。

说明：变量可以是内存变量也可以是字段名变量,若是内存变量,则需要事先赋初值,否则计算机将报错;而字段变量则因为在创建数据表时已经定义了变量的属性,因此,不需要再给该变量赋初值。

(4)读语句。

格式：READ

功能：与@...GET 语句结合时,激活屏幕光标,以便输入或修改数据,并将新数据保存到相应的变量中去。

5.2.2 程序举例

【例 5.5】 编程显示一段提示信息。

源程序清单如下：

```
NOTE 程序名：ex5 - 5.prg
SET TALK OFF
CLEAR
TEXT
    欢迎进入 Visual FoxPro 系统
ENDTEXT
CANCEL
```

【例 5.6】 已知半径,编程求圆面积程序。

源程序清单如下：

```
NOTE 程序名：ex5 - 6.prg
SET TALK OFF
CLEAR
pi = 3.14
INPUT "请输入半径 r = " TO r
s = pi * r * r
?"半径 = ",r
?"圆面积 = ",s
SET TALK ON
RETURN
```

【例 5.7】 编程修改课程信息表 course.dbf 中指定课程的学分。

源程序清单如下：

```
NOTE 程序名：ex5-7.prg
SET TALK OFF
CLEAR
USE course
ACCEPT "请输入待修改的课程编号：" TO kcbh
LOCATE FOR C_number = kcbh
@10,20 SAY "课程编号：" + c_number          &&c_number 为课程编号的字段名
@11,20 SAY "课程名称：" + c_name            &&c_number 为课程名称的字段名
@12,20 SAY "学分：" get credit             &&credit 为学分的字段名
READ
USE
SET TALK ON
RETURN
```

5.3　分支结构

数据处理过程往往非常复杂，应用程序运行时常常需要根据是否满足一定的条件，做出相应的逻辑判断、选择，决定程序如何运行。分支结构，又称选择结构，就是为了满足这类运算而提供的程序执行方式。

5.3.1　简单分支选择结构

1.简单分支语句

格式：

IF ＜条件表达式＞

　＜语句行序列＞

ENDIF

功能：根据条件表达式的逻辑值决定是否执行语句行。

说明：当执行该语句时，首先判断条件表达式的逻辑值，当其值为"真"时，执行语句行序列，然后执行 ENDIF 的后续语句；当条件表达式为"假"时，直接执行 ENDIF 的后续语句。

简单分支语句的执行过程可以用图 5.2 的形式表示其执行流程。其中的菱形框表示一个判断，其他图形符号与图 5.1 中表示的含义相同。

语句中＜条件表达式＞可以是逻辑表达式或关系表达式，IF 与 ENDIF 必须配对使用，二者缺一不可。

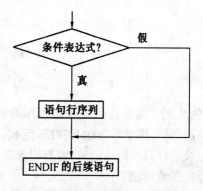

图 5.2　简单分支选择结构流程图

2.简单分支结构应用举例

【例 5.8】　编程求一元二次方程 $ax^2 + bx + c = 0$ 的实根。

问题分析:根据数学知识,一元二次方程的根是根据 $\Delta = b^2 - 4ac$ 的值来判断的。当 $\Delta \geqslant 0$ 时,方程有两个实根;当 $\Delta < 0$ 时,方程有两个虚根。

源程序清单如下:

```
NOTE 程序名:ex5 - 8.prg
SET TALK OFF
CLEAR
INPUT "请输入方程二次项系数(不为零)a=" TO a
INPUT "请输入方程一次项系数 b=" TO b
INPUT "请输入方程常数项 c=" TO c
d = b * b - 4 * a * c
IF d > = 0
    x1 = ( - b + SQRT(d))/(2 * a)
    x2 = ( - b - SQRT(d))/(2 * a)
    ?"第一个实根 x1 =", x1
    ?"第二个实根 x2 =", x2
ENDIF
SET TALK ON
RETURN
```

其运行结果如图 5.3 所示。

请输入方程二次项系数(不为零)a=¹

请输入方程一次项系数 b=⁵

请输入方程常数 c=⁶

第一个实根 x1 =　　　　　 - 2.0000

第二个实根 x2 =　　　　　 - 3.0000

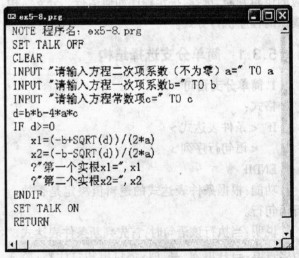

图 5.3 "例 5.8"执行结果

【例 5.9】 编程查询 cjglk 数据库的 student 表中学号为 20044074136 的学生信息。

问题分析:用学号 20044074136 定位,而定位过程就是一个查询过程,当查到该学号时文件的记录指针将指向该记录,否则记录指针不指向任何记录,而是指向文件的结束标志。

源程序清单如下:

```
NOTE 程序名:ex5 - 9.prg
SET TALK OFF
CLEAR
OPEN DATABASE cjglk
USE student
```

```
LOCATE FOR s _ number = "20044074136"
IF FOUND( )                        &&FOUND( )为标准函数,找到为"真",否则为"假"
    DISPLAY
ENDIF
CLOSE DATABASE
SET TALK ON
RETURN
```

5.3.2 选择分支结构

1.选择分支语句

格式:

```
IF <条件表达式>
    <语句行序列 1>
ELSE
    <语句行序列 2>
ENDIF
```

功能:根据条件表达式的逻辑值,选择执行两个语句序列中的一个。

说明:当执行该语句时,首先判断条件表达式的逻辑值,当其值为"真"时,执行语句行序列 1,然后再执行 ENDIF 的后续语句;当条件表达式为"假"时,执行语句行序列 2,然后再执行 ENDIF 的后续语句。

选择分支语句的执行流程如图 5.4 所示,其中的图形符号含义与图 5.1 和图 5.2 相同。

2.选择分支结构应用举例

【例 5.10】 编程求一个数的绝对值。

问题分析:设这个数为 x,判断 x < 0 是否成立,若成立,则 x 的绝对值为 – x,否则,x 的绝对值为 x。

源程序清单如下:

```
NOTE 程序名:ex5 – 10.prg
SET TALK OFF
CLEAR
x = 0
@10,20 SAY "请输入任意一个 x:" GET x
READ
IF x < 0
    y = – x
ELSE
    y = x
ENDIF
?"x = ",x
?"x 的绝对值 y = ",y
```

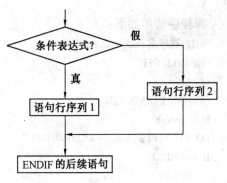

图 5.4 选择分支语句流程图

```
SET TALK ON
RETURN
```

【例 5.11】 编制密码校验程序(假设密码为"123456")。

问题分析:一般为了计算机应用系统的安全,在进入应用系统之前,要求输入密码,然后程序将用户输入的密码和在系统中留存的密码符号对比,若完全相同,则允许用户进入系统;否则,拒绝用户进入系统。

源程序清单如下:

```
NOTE 程序名:ex5-11.prg
SET TALK OFF
CLEAR
ACCEPT "请输入密码:   " TO mm
IF mm = "123456"
?"欢迎使用本系统!"
ELSE
    WAIT "密码错误!" WINDOW TIMEOUT 10
    QUIT
ENDIF
SET TALK ON
RETURN
```

【例 5.12】 进一步完善"例 5.9"中的功能,当未找到指定学生信息时,显示"无该学生信息!"。

源程序清单如下:

```
NOTE 程序名:ex5-12.prg
SET TALK OFF
CLEAR
OPEN DATABASE cjglk
USE student
LOCATE FOR s_number = "20044074136"
IF FOUND()
  DISPLAY
ELSE
  WAIT "无该学生信息!" WINDOW TIMEOUT 10
ENDIF
CLOSE DATABASE
SET TALK ON
RETURN
```

5.3.3 IF 语句的嵌套

在解决许多复杂的实际问题时,有时需要使用多个简单分支语句和选择分支语句。它们可以互相独立,在程序中按序排列;也可以互相结合,即在外层 IF 语句的语句行序列 1 中或语句行序列 2 中包含另一个 IF 语句,形成所谓的嵌套形式。这种嵌套形式,一般解决在多个判断条件中选择其一执行的程序结构的问题。

1.嵌套形式

嵌套形式 1:

```
IF ＜条件表达式 1＞
    ＜语句行序列 1＞
ELSE
    IF ＜条件表达式 2＞
        ＜语句行序列 2＞
    ELSE
        ＜语句行序列 3＞
    ENDIF
ENDIF
```

嵌套形式 2:

```
IF ＜条件表达式 1＞
    IF ＜条件表达式 2＞
        ＜语句行序列 1＞
    ELSE
        ＜语句行序列 2＞
    ENDIF
ELSE
    ＜语句行序列 3＞
ENDIF
```

IF 语句的嵌套形式多种多样,但是必须保证 IF、ELSE(选择分支结构)和 ENDIF 配对出现,且不允许交叉嵌套。

2.IF 语句嵌套应用举例

【例 5.13】　对定期存款按以下几个档次计算存款利率。

存款年限(年)	存款年利率(%)
1	2.25
2	2.79
3	3.33
5	3.60

编程根据存款年限,查找存款年利率。

问题分析:因为题目中有 4 个不同的年限,即有 4 种选择,可以通过 IF 语句的嵌套功能,将 4 种情况分别处理。

源程序清单如下:

```
NOTE 程序名:ex5-13.prg
SET TALK OFF
CLEAR
INPUT "请输入存款年限(1、2、3 或 5): " TO n
IF n = 1
```

```
        interest = 0.0225
    ELSE
        IF n = 2
            interest = 0.0279
        ELSE
            IF n = 3
                interest = 0.0333
            ELSE
                interest = 0.0360
            ENDIF
        ENDIF
    ENDIF
    ?"年利率为：  ", interest
    SET TALK ON
    RETURN
```

【例 5.14】　假设月收入(p)与税率(r)的关系如下所示，编程根据月收入求应交税金。

收入(p)	税率(r)
p < 2000	r = 0
2000 ≤ p < 2500	r = 0.05
2500 ≤ p < 5000	r = 0.10
p ≥ 5000	r = 0.15

问题分析：首先税率是根据收入的档次而决定的，收入分 4 个档次，也就是 4 种选择，适合于使用 IF 的嵌套形式对 4 种情况进行选择；其次税金(tax)的计算公式是：tax = pr。

源程序清单如下：

```
NOTE 程序名：ex5 - 14.prg
SET TALK OFF
CLEAR
INPUT "请输入月收入：  " TO p
IF p < 5000
    IF p > = 2500
        r = 0.10
    ELSE
        IF p > = 2000
            r = 0.05
        ELSE
            r = 0
        ENDIF
    ENDIF
ELSE
    r = 0.15
ENDIF
tax = p * r
```

?"应交税金为： ",tax
SET TALK ON
RETURN

5.3.4 多分支结构

在实际问题中,常常会有多种情况可供选择,如"例 5.13"和"例 5.14",虽然 IF 语句的嵌套形式可以解决许多复杂的问题,但是当选择的条件太多时,IF 语句的结构将会变得复杂,难以编写和读懂,而且容易出错。为此,Visual FoxPro 提供了另一种功能更强、结构更清晰的多分支结构语句,即 CASE 语句。

1. CASE 语句
格式:

```
DO CASE
    CASE <条件表达式 1>
        <语句行序列 1>
    CASE <条件表达式 2>
        <语句行序列 2>
    ……
    CASE <条件表达式 n>
        <语句行序列 n>
    [OTHERWISE
        <语句行序列 n+1>]
ENDCASE
```

功能:根据条件表达式的逻辑值,选择执行多个语句序列中的一个。

说明:执行该语句时,根据 n 个条件表达式的逻辑值,选择 n 个语句行序列中的一个,即所测试的条件表达式的值为"真"的那个语句行序列,然后逐条执行该语句行序列中的语句,执行完毕,继续执行 ENDCASE 的后续语句。如果有[OTHERWISE]子句,即当所有的条件表达式均为"假"时,执行语句行序列 n+1 中的每条语句,执行完毕,继续执行 ENDCASE 的后续语句。

【注意】DO CASE 和 ENDCASE 必须配对出现,缺一不可。CASE 语句允许嵌套,但不能交叉嵌套。在 DO CASE 与第一个 CASE 子句之间的任何语句,永远不会执行。CASE 语句的执行流程如图 5.5 所示。

2. 多分支结构应用举例

【例 5.15】 将"例 5.13"的定期存款利率问题改用多分支结构语句编写程序。
源程序清单如下:

```
NOTE 程序名:ex5-15.prg
SET TALK OFF
CLEAR
INPUT "请输入存款年限(1、2、3 或 5)： " TO n
DO CASE
    CASE n=1
        interest=0.0225
```

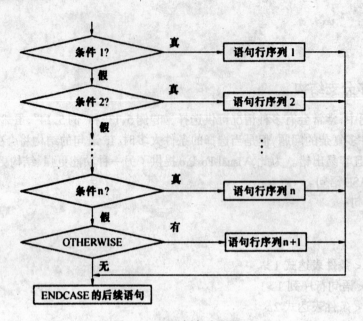

图 5.5 CASE 语句流程图

```
    CASE n = 2
        interest = 0.0279
    CASE n = 3
        interest = 0.0333
    OTHERWISE
        interest = 0.0360
ENDCASE
?"年利率为： ", interest
SET TALK ON
RETURN
```

【例 5.16】 将"例 5.14"的税金问题用多分支结构语句改写。

源程序清单如下：

```
NOTE 程序名：ex5 - 16.prg
SET TALK OFF
CLEAR
INPUT "请输人月收人： " TO p
DO CASE
    CASE p < 2000
        r = 0
    CASE p > = 2000 .AND. p < 2500
        r = 0.05
    CASE p > = 2500 .AND. p < 5000
        r = 0.10
    OTHERWISE
        r = 0.15
ENDCASE
```

```
tax = p * r
?"应交税金为：  ",tax
SET TALK ON
RETURN
```

【例 5.17】　在 cjglk 数据库的 student 表中分别选择 LOCATE、FIND 和 SEEK 命令的其中之一查询某学生信息。

问题分析：LOCATE、FIND 和 SEEK 命令均具备查询功能，但是查询条件或格式不同。其中 LOCATE 为顺序查找；而 FIND、SEEK 为随机查找，使用时因为所谓随机查找就是在索引表中查找，所以必须打开包含需查找关键字的索引文件。FIND 和 SEEK 在书写格式上有所不同。因此这是 3 种不同的查询方式，可用多分支结构语句进行选择。

源程序清单如下：

```
NOTE 程序名：ex5－17.prg
SET TALK OFF
CLEAR
OPEN DATABASE cjglk
USE student
ACCEPT "请输入待查的学生的姓名： " TO xm
TEXT
      1.按 LOCATE 方式查找
      2.按 FIND 方式查找
      3.按 SEEK 方式查找
ENDTEXT
WAIT "请选择查找方式： " TO way
DO CASE
    CASE way = "1"
    LOCATE FOR s _ name = xm
       DISPLAY
    CASE way = "2"
       INDEX ON s _ name TO xmidx          && 按学号建立并打开索引文件 xmidx
       FIND &xm
       DISPLAY
    CASE way = "3"
       INDEX ON s _ name TO xmidx
       SEEK xm
       DISPLAY
    OTHERWISE
       ?"选择错误!"
ENDCASE
CLOSE DATABASE
SET TALK ON
RETURN
```

5.4 循环结构

在实际问题中,用户经常要求程序在一个给定的条件为真时去重复执行一组相同的命令序列,而顺序结构和分支结构所组成的命令序列,每个语句最多执行一次。为了解决这类需要重复执行某命令序列组的问题,Visual FoxPro 提供了循环结构语句。

所谓循环执行结构亦称重复执行结构,就是使得一组语句重复执行若干次。可以预先指定需要循环的次数;也可以预先不指定要循环的次数,只要某个条件成立,就可以循环下去,直到该条件不成立。

一般一个循环结构应包含下列几个条件:

(1)循环的初始条件。经常设置一个称为"循环控制变量"的变量,并赋予初值。

(2)循环语句的起始语句,用于设置、判断循环条件。

(3)循环语句的结束语句,具有无条件转向功能,转向循环语句的起始语句,去再次测试循环条件是否成立。

(4)循环体,即需重复执行的语句行序列,它可以由任何语句组成。

Visual FoxPro 提供了 3 种循环结构的语句:DO WHILE... ENDDO、FOR... ENDFOR、SCAN...ENDSCAN。

5.4.1 DO WHILE 循环结构

DO WHILE 循环结构是一种常用的循环方式,称为非计数型循环,它主要用于对那些事先无法预知或很难预知循环多少次的事件进行处理。

1.DO WHILE 语句

格式 1:

DO WHILE <条件表达式>

　　　<语句行序列>

ENDDO

功能:多次重复判断条件表达式的逻辑值以决定是否多次重复执行语句行序列。

说明:重复判断条件表达式的逻辑值,当其值为"真"时,执行语句行序列,也称循环体,直到条件表达式为"假"时结束该循环语句的执行,继续执行 ENDDO 的后续语句。其执行流程如图 5.6 所示。

在该语句中,循环起始语句为 DO WHILE <条件表达式>,其中条件表达式可以是逻辑表达式或关系表达式;循环结束语句为 ENDDO,也就是每次执行循环体的终点语句。

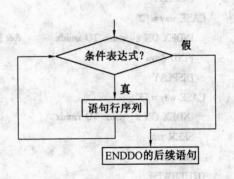

图 5.6　DO WHILE...ENDDO 循环结构流程图

格式 2:

DO WHILE <条件表达式>

```
        <语句行序列 1>
        [LOOP]
        <语句行序列 2>
        [EXIT]
        <语句行序列 3>
ENDDO
```

该格式的功能与格式 1 相同,只是多了"LOOP"和"EXIT"两种语句选项。

(1)"LOOP"语句只能在循环体中使用,是一种特殊的循环终止语句,其功能是终止当前循环的执行,返回到本循环的循环开始语句,继续测试条件表达式。"LOOP"语句可以出现在循环体的任何位置,并且可以应用在任何一种循环语句中。

(2)"EXIT"语句只能在循环体中使用,是一种强制退出当前循环的循环结束语句。执行到该语句时,程序被控制强制转向当前循环的"ENDDO"语句的后续语句执行。"EXIT"语句可以出现在循环体的任何位置,并且可以应用在任何一种循环语句中。

带有"LOOP"或"EXIT"的循环语句的执行流程如图 5.7 所示。

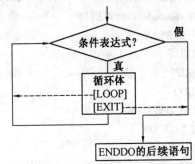

图 5.7　带 LOOP 或 EXIT 的 DO WHILE…ENDDO 循环结构流程图

2.DO WHILE 语句应用举例

【例 5.18】　编程求 n! $= 1 \times 2 \times 3 \times \ldots \times n$。

问题分析:这是一类累乘问题,其特点是:通过部分积的概念,构建一个求部分积的通式,并作为循环体,而项数 n 也可以变化,通过程序运行时动态输入。这类问题可以通过构建循环结构来优化和简化程序设计。

源程序清单如下:

```
NOTE 程序名:ex5 - 18.prg
SET TALK OFF
CLEAR
INPUT "请输入项数: "          TO n && 针对具体的问题,程序执行时可以输入 10
f = 1
i = 1
DO WHILE i < n
    i = i + 1
    f = f * i
ENDDO
?"n! =",LTRIM(STR(f))
SET TALK ON
RETURN
```

类似地,容易解决如计算 $2 \times 5 \times 8 \times \ldots \times (3n - 1)$ 的累乘问题,这里不再赘述。

【例 5.19】　逐条显示 cjglk 数据库 student 表中班级名称为"计算机 05"的学生信息。

问题分析:解决这个问题的思路是逐条记录检查其班级名称是否是"计算机 05",若是则显示,然后再检查下一条记录,否则继续检查下一条记录,直到检查到文件结束。可以使用文件结束函数 EOF()来测试文件是否结束。

源程序清单如下:

```
NOTE 程序名:ex5 - 19.prg
SET TALK OFF
CLEAR
OPEN DATABASE cjglk
USE student
DO WHILE .NOT.EOF()              && 当文件没有结束,即 EOF()的值为假时,执行循环体
   IF classname = "计算机 05"
      DISPLAY
   ENDIF
   SKIP                          && 记录指针向后移动一个
ENDDO
CLOSE DATABASE
SET TALK ON
RETURN
```

【例 5.20】 编程显示 cjglk 数据库 student 表中班级名称不是"计算机 05"的学生信息。

问题分析:从 student 表中的第一条记录开始,逐条测试班级名称是否为"计算机 05",若为"计算机 05",则继续查找,否则显示该记录,再继续查找。

源程序清单如下:

```
NOTE 程序名:ex5 - 20.prg
SET TALK OFF
CLEAR
OPEN DATABASE cjglk
USE student
DO WHILE .NOT.EOF()
   IF classname = "计算机 05"
      SKIP
      LOOP
   ENDIF
   DISP
   SKIP
ENDDO
CLOSE DATABASE
SET TALK ON
RETURN
```

【例 5.21】 编程统计 cjglk 数据库的 student 表中年龄为 20、大于 20 和小于 20 的学生人数。

问题分析:对 student 表中的所有记录逐条进行比较年龄,根据判断结果分别统计。

源程序清单如下:

```
NOTE 程序名:ex5 - 21.prg
SET TALK OFF
CLEAR
STORE 0 TO a,b,c
OPEN DATABASE cjglk
USE student
DO WHILE .T.
  IF EOF( )
    EXIT
  ENDIF
  DO CASE
      CASE INT((DATE( ) - birthday)/365) < 20
        * 表达式 INT((DATE( ) - birthday)/365)用于计算学生的年龄
        a = a + 1
      CASE INT((DATE( ) - birthday)/365) = 20
        b = b + 1
      OTHERWISE
        c = c + 1
    ENDCASE
    SKIP
ENDDO
?"年龄小于 20 的学生人数为：　",a
?"年龄等于 20 的学生人数为：　",b
?"年龄大于 20 的学生人数为：　",c
USE
CLOSE DATABASE
SET TALK ON
RETURN
```

5.4.2　FOR 循环结构

FOR 循环结构称为计数型循环,它主要用于对那些事先容易预知循环多少次的事件进行处理。

1.FOR 循环语句

格式:

FOR ＜循环变量＞ = ＜初值表达式＞ TO ＜终值表达式＞[STEP ＜步长＞]
　　　＜语句行序列＞
ENDFOR|NEXT

功能:有限次地重复执行语句行序列,执行次数由循环变量的初值、终值和步长决定。

说明:

(1)先计算初值表达式,并将其值赋给循环变量。

(2)判断循环变量中的值是否超过终值,若超过,则结束循环,继续执行 ENDFOR 的后续语句。

(3)执行一次循环体即语句行序列。

(4)循环变量加步长。

(5)转入(2)继续处理。

FOR 和 ENDFOR 必须配对使用,缺一不可。步长可正可负,一般正常的循环中,当步长为正值时,初值小于或等于终值;当步长为负值时,初值大于或等于终值。当"STEP <步长>"省略时,默认步长为 1。FOR 语句的执行流程如图 5.8 所示。

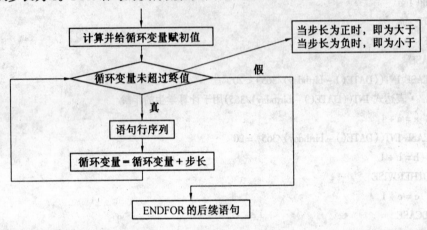

图 5.8　FOR 语句流程图

2.FOR 循环语句应用举例

【例 5.22】　用 FOR 语句改写"例 5.18"中的程序。

源程序清单如下:

```
NOTE 程序名:ex5-22.prg
SET TALK OFF
CLEAR
INPUT "请输入项数:" TO n                    && 针对具体的问题,程序执行时可以输入 10
f = 1
FOR i = 1 to n
    f = f * i
ENDFOR
?"n!  = ", LTRIM(STR(f))
SET TALK ON
RETURN
```

【例 5.23】　从键盘上输入 10 个数,编程找出其中的最大值和最小值。

问题分析:设置存放最大值变量 max 和最小值变量 min;然后从键盘上逐个输入数据,输入一个,比较一个,同时将到目前为止的最大值放入变量 max 中,最小值放入变量 min 中,直到 10 个数据输入完毕。

源程序清单如下:

```
NOTE 程序名:ex5-23.prg
SET TALK OFF
```

```
CLEAR
INPUT "请输入数据：" TO x
max = x
min = x
FOR i = 2 TO 10
    INPUT "请输入数据:" TO x
    IF max < x
    max = x
  ENDIF
  IF min > x
  min = x
  ENDIF
ENDFOR
?"最大值是：", max
?"最小值是：", min
SET TALK ON
RETURN
```

5.4.3　SCAN 循环结构

当对数据表中的逐个记录进行操作时,所建立的循环功能可以由 SCAN 循环结构语句来实现。

1.SCAN 语句

格式:

SCAN [<范围>][FOR　<条件表达式 1 >][WHILE　<条件表达式 2 >]
　　　 <语句行序列 >

ENDSCAN

功能:重复循环于数据库中指定的一组记录之间,并对数据库进行操作。

说明:SCAN 语句的执行流程如下:

(1)将记录指针指向第一个记录。

(2)判断文件是否结束或是否已没有满足条件的记录,若是则结束循环,继续执行 ENDSCAN 的后续语句;否则,转入(3)。

(3)判断是否有记录满足条件,若有,则将指针移到满足条件的记录上,执行循环体,转入(4);否则,不执行循环体,直接转入(4)。

(4)当执行到 ENDSCAN 时,记录指针自动移到 SCAN 命令指定的下一个记录,转入(2)继续执行。

2.SCAN 语句应用举例

【例 5.24】　在 cjglk 数据库的 course 表中,显示课程名称为"计算机组成原理"的课程编号和学分。

源程序清单如下:

```
NOTE 程序名:ex5 - 24.prg
SET TALK OFF
```

```
CLEAR
OPEN DATABASE cjglk
USE course
?"课程编号","学分"
SCAN FOR LTRIM(c _ name) = "计算机组成原理"
    ? c _ number,credit
ENDSCAN
USE
CLOSE DATABASE
SET TALK ON
RETURN
```

【例 5.25】 用 SCAN 语句改写"例 5.21"中的程序。

源程序清单如下：

```
NOTE 程序名:ex5 - 25.prg
SET TALK OFF
CLEAR
STORE 0 TO a,b,c
OPEN DATABASE student
USE student
SCAN
   DO CASE
      CASE INT((DATE( ) - birthday)/365) < 20
         && 表达式 INT((DATE( ) - birthday)/365)用于计算学生的年龄
         a = a + 1
      CASE INT((DATE( ) - birthday)/365) = 20
         b = b + 1
      OTHERWISE
         c = c + 1
   ENDCASE
ENDSCAN
?"年龄小于 20 的学生人数为：    ",a
?"年龄等于 20 的学生人数为：    ",b
?"年龄大于 20 的学生人数为：    ",c
USE
CLOSE DATABASE
SET TALK ON
RETURN
```

5.4.4 多重循环

多重循环也就是循环的嵌套,是在循环结构语句中的循环体部分的语句行序列中包含了另一个循环结构。通常称外层循环为外循环,被包含的循环为内循环。嵌套的层数一般没有限制,但是内循环的循环体必须完全包含在外循环的循环体中,不能相互交叉。以 DO WHILE

语句为例,正确的嵌套关系如下所示:

```
DO WHILE <条件表达式 1>
    <语句行序列 1－1>
    DO WHILE <条件表达式 2>
        <语句行序列 2－1>
        DO WHILE <条件表达式 3>
            <语句行序列 3>
        ENDDO
        <语句行序列 2－2>
    ENDDO
    <语句行序列 1－2>
ENDDO
```

【例 5.26】　编程输出如图 5.9 所示的图形。

源程序清单如下:

```
NOTE 程序名:ex5－26.prg
SET TALK OFF
CLEAR
FOR i = 1 TO 7
    @i,8－i SAY " "
    FOR j = 1 TO 2*i－1
        ??" * " && 在光标所在位置输出
    ENDFOR
ENDFOR
SET TALK ON
RETURN
```

```
                *
              * * *
            * * * * *
          * * * * * * *
        * * * * * * * * *
      * * * * * * * * * * *
    * * * * * * * * * * * * *
```

图 5.9　由" * "组成的三角形

【例 5.27】　编程输出 3～100 之间的所有素数。

问题分析:所谓素数,是只能被 1 和它本身整除的自然数。在 3～100 中逐个测试某数是否是素数。

源程序清单如下:

```
NOTE 程序名:ex5－27.prg
SET TALK OFF
CLEAR
FOR m = 3 TO 100 STEP 2
    n = m－1
    FOR i = 2 TO n
        If MOD(m,i) = 0
            EXIT
        ENDIF
    ENDFOR
    IF i > n
        ?? m
```

```
        ENDIF
    ENDFOR
    SET TALK ON
    RETURN
```

【例 5.28】 编程在 cjglk 数据库的 course 表中,按指定的课程名逐条显示相应的课程编号、学分和开课学期。

源程序清单如下:

```
NOTE 程序名:ex5-28.prg
SET TALK OFF
CLEAR
OPEN DATABASE cjglk
USE course
ACCEPT "请输入欲查询的课程名称:" TO kcm
DO WHILE kcm < > " # "
    ?"名称:",kcm
    ?"课程编号","学分","开课学期"
    SCAN FOR LTRIM(c_number) = LTRIM(kcm)
      ? c_number,credit,term
    ENDSCAN
    ACCEPT "请输入欲查询的课程名称:" TO kcm        && 输入" # "将结束查询
ENDDO
USE
CLOSE DATABASE
SET TALK ON
RETURN
```

5.5 子程序、过程及调用

由于实际应用的复杂性,应用程序往往是庞大而复杂的。为了简化编程过程,在应用程序编辑过程中,常常将那些经常出现在程序中且具有某些特定功能或某些特定操作代码段单独组成一个模块,并称其为子程序或过程或自定义函数。这些模块可以被其他程序调用,在程序运行过程中,可以反复多次地调用"子程序"或"过程"或"函数",从而有利于程序的维护,简化程序的编写,并且能增强易读性。

在程序设计中引入子程序或过程有如下好处:

(1)可以把程序中不同位置重复出现的语句集中到一个过程中,在需要的地方调用,从而简化程序的编写。

(2)可将一个大程序分解成小的、简单的程序模块,便于程序编写、调试、扩充和维护。

5.5.1 子程序及调用

1.子程序

所谓子程序就是一些基本的小程序,具有相对独立性,可以完成某一个特定的功能,并且能被其他程序所调用。例如,学生成绩管理系统中的学生和课程信息的录入模块、查询学生信息的模块,等等,完成学生和课程信息的录入功能以及按需求查询学生信息的功能,通过被学生成绩管理系统的主模块调用,来执行这些子程序。

子程序中往往要有一个返回(RETURN)语句,以便返回到被调用程序的调用处继续执行,其语句格式如下:

RETURN〔TO MASTER〕

该语句的功能是结束一个子程序文件的执行,返回到原调用该文件语句的下一个语句,或返回到主菜单,若选择〔TO MASTER〕子句,则返回到最高一级的调用程序。

2. 主程序

凡是调用子程序的程序,并且该程序中结束语句使用 CANCEL 的程序称为主程序,主程序也称为主模块。主程序不被任何其他程序所调用,但它可以调用其他程序。

3. 子程序调用

(1) 子程序调用命令。

格式:DO ＜子程序文件名＞

功能:调用并执行子程序的内容。

(2) 子程序调用规则。

主程序可以调用任何子程序,子程序不能调用主程序,但是子程序与子程序之间可以互相调用。子程序调用子程序后,可以返回到调用它的上级子程序中,也可以直接返回到主程序中。主程序调用子程序后,必须返回到主程序中调用语句的下一条语句,以便继续执行主程序中的各个语句,直到遇到 CANCEL 结束为止。

【例 5.29】　分别建立各程序文件,分析执行主程序 ex5 - 29. prg 的结果。

程序清单如下:

```
NOTE 主程序名:ex5 - 29. prg
SET TALK OFF
?"正在执行主程序"
DO sub1
?"从子程序 sub1 返回"
DO sub2
?"从子程序 sub2 返回"
SET TALK ON
CANCEL

* 子程序名:sub1. prg
?"正在执行子程序 sub1"
RETURN

* 子程序名:sub2. prg
?"正在执行子程序 sub2"
RETURN
```

创建好以上 3 个文件后分别存盘,从命令窗口执行 DO ex5 - 29,主窗口显示结果如下:

正在执行主程序

正在执行子程序 sub1

从子程序 sub1 返回

正在执行子程序 sub2

从子程序 sub2 返回

5.5.2 过程及过程调用

子程序是独立存储在磁盘上的程序文件,每调用一个子程序就要打开一个磁盘文件,增加了系统处理时间,降低了程序运行速度,并增加了系统打开的文件数目,而系统能打开的文件数目总是有限的。解决上述问题的方法是,把多个过程组织在一个文件中,这个文件称为过程文件。或者把过程放在调用它的程序文件的末尾。这样在打开过程文件或程序文件的同时,所有过程都调入了内存,以后可以任意调用其中的过程,从而减少打开文件的数目和访问磁盘的次数。Visual FoxPro 为了识别过程文件中的不同过程,规定过程文件的过程必须有"PROCEDURE"语句说明。

过程说明语句格式:

PROCEDURE <过程名>

　　<命令序列>

　　RETURN[表达式]

[ENDPROC | ENDFUNC]

过程名必须以字母开头,可以包含字母、数字和下划线。过程可以"RETURN"语句终止,也可以"ENDPROC"或"ENDFUNC"语句终止。

过程文件的建立方法与程序文件相同。可用 MODIFY COMMAND <过程文件名> 命令或者调用其他文字编辑软件来建立。

过程文件的结构一般如下:

PROCEDURE <过程名1>

　　<命令序列1>

　　RETURN

PROCEDURE <过程名2>

　　<命令序列2>

　　RETURN

　　……

PROCEDURE <过程名n>

　　<命令序列n>

　　RETURN

每一对 PROCEDURE 与 RETURN 之间的命令序列称为一个过程。过程名不能与过程文件名同名,同一过程文件中的过程不能同名。不同过程文件中的过程可以同名。

1.过程文件的调用

调用某过程文件中的过程时,必须先打开该过程文件。

打开过程文件命令格式:SET PROCEDURE TO <过程文件名>

　　任何时候系统只能打开一个过程文件,当打开一个新的过程文件时,原来已经打开的过程文件自动关闭。

2.过程文件的关闭

　　当不需调用过程文件中的任何过程时,为了节约存储空间,提高运行效率,应该将过程文件关闭。

　　过程文件关闭命令:

　　格式 1:SET PROCEDURE TO

　　格式 2:CLOSE PROCEDURE

　　【注意】过程文件打开后,其中的过程就可以被调用,调用方法与调用子程序相同;过程文件虽然也是程序文件,扩展名也是".prg",但是,过程文件不能用 DO <过程文件名>来执行一个过程文件,而只能用 DO <过程名>命令调用其中的某个过程。

　　【例 5.30】　用过程文件实现对 course 表进行查询、删除和插入操作。

　　源程序清单如下:

```
NOTE 主程序名:ex5 - 30.prg
SET TALK OFF
CLEAR
SET PROCEDURE TO proc1                    && 打开过程文件 proc1
USE course
DO WHILE .T.
  CLEAR
  TEXT
    课程信息处理
    1.按课程名查询
    2.按记录号删除
    3.插入新的记录
    0.退出
  ENDTEXT
  WAIT "请选择:" TO ch
  DO CASE
    CASE ch = "1"
        DO subp1
    CASE ch = "2"
        DO subp2
    CASE ch = "3"
        DO subp3
    CASE ch = "0"
      EXIT
  ENDCASE
ENDDO
SET PROCEDURE TO                          && 关闭过程文件
SET TALK ON
```

```
    CANCEL

   * 过程文件名:proc1.prg
   PROCEDURE subp1                          && 按课程名查询记录
     CLEAR
     ACCEPT "请输入课程名:  " TO name
     LOCATE FOR c_name = name
     IF FOUND()
       DISPLAY
     ELSE
       ?"无该门课程!"
     ENDIF
     WAIT
     RETURN
   PROCEDURE subp2                          && 按记录号删除记录
     CLEAR
     INPUT "请输入要删除的记录号:" TO n
     GOTO n
     IF NOT EOF()
       DELETE
       WAIT "物理删除 y/n:  " TO affirm
       IF affirm = "Y" .OR. affirm = "y"
         PACK
       ENDIF
     ELSE
       ?"无此记录!"
     ENDIF
     RETURN
   PROCEDURE subp3                          && 插入新的记录过程
     CLEAR
     APPEND
     RETURN
```

5.5.3 过程调用中的参数传递

Visual FoxPro 中的过程可分为有参过程和无参过程。前面例题中的过程均为无参过程。

1.有参过程中的形式参数定义

如果在调用时需要进行数据传递,则在过程或子程序中需要进行参数说明,格式如下:

PARAMETERS <参数表>

该语句必须是过程中的第一条语句。<参数表>中的参数可以是任意合法的内存变量名,变量之间用逗号间隔。

2.程序与被调用过程间的参数传递

程序与被调用过程间的参数是通过过程调用语句中的"WITH"子句来传递的,该语句格式

如下:

　　DO ＜过程名＞ WITH ＜参数表＞

"DO"命令＜参数表＞中的参数称为实际参数,简称实参,"PARAMETERS"命令＜参数表＞中的参数称为形式参数,简称形参。两个＜参数表＞中的参数必须相容,即个数相同,类型和位置一一对应。实际参数可以是任意合法的表达式,形式参数是过程中的局部变量,用来接受对应实际参数的值。Visual FoxPro 的参数传递规则为:如果实际参数是常数或表达式则传递数值;如果实际参数是变量则传递地址,即传递的不是实际参数变量的值而是实际参数变量的地址。这样,过程中对形式参数变量值的改变也使实际参数变量值改变。如果实际参数是内存变量而又希望进行数值的传递,则可以用圆括号将该内存变量括起来,强制该变量以数值方式传递数据。

【例 5.31】 用参数传递编写程序,计算圆面积。

```
NOTE 主程序名:ex5-31.prg
SET TALK OFF
CLEAR
s = 0
INPUT "请输入圆的半径: " TO r
DO area WITH r,s
?"圆的面积为:",s
SET TALK ON
CANCEL
PROCEDURE area
   PARAMETER x,y
   y = 3.1416 * x * * 2
   RETURN
```

【例 5.32】 参数传递数值与传递地址的区别。

```
NOTE 主程序名:ex5-32.prg
SET TALK OFF
CLEAR
x = 5
y = 5
z = 5
DO sub1 WITH x,(y),y + 10
?"x = ",x
?"y = ",y
?"z = ",z
SET TALK ON
CANCEL
PROCEDURE sub1
   PARAMETER x,y,z
   x = x + 10
   y = 2 * y
   z = z * * 2
```

```
RETURN
```

程序运行后输出：

```
x =    15
y =    5
z =    5
```

5.5.4　过程的嵌套调用

Visual FoxPro 中允许一个过程调用第二个过程，第二个过程又可以调用第三个过程，依此类推，这种调用关系称为过程的嵌套调用，如图 5.10 所示。

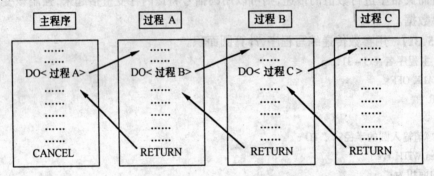

图 5.10　过程嵌套调用示意图

在图 5.10 中，每一个过程都是使用"RETURN"语句返回到调用处的下一条语句继续执行。Visual FoxPro 也允许递归调用，即某一过程直接或者间接调用自己，见"例 5.33"。

【例 5.33】　用递归方式编程求 n 的阶乘。

```
NOTE 主程序名：ex5-33.prg
SET TALK OFF
CLEAR
INPUT "请输入 N:  " TO n
y = 1
DO factor WITH n, y
? LTRIM(STR(n)) + "! =", LTRIM(STR(y))
SET TALK ON
CANCEL
PROCEDURE factor
PARAMETER x, y
  IF X > 1
    DO factor WITH x - 1, y
    y = x * y
  ENDIF
RETURN
```

5.6　用户自定义函数

Visual FoxPro 系统提供了丰富的内部函数，这些函数具有不同的功能，能够解决用户遇到的许多问题。但是在实际应用中,可能需要一些解决特殊问题的函数,系统提供的内部函数无法胜任。为此,Visual FoxPro 允许用户自定义函数。

自定义函数和过程一样,可以以独立的程序文件形式单独存储在磁盘上,也可以放在过程文件或直接放在程序文件中。自定义函数必须用"FUNCTION"语句说明,而且在返回命令"RETURN"中,必须返回一个值作为函数的值。

自定义函数必须以函数说明语句定义,函数名的命名规则与过程的命名规则相同。语法结构如下:

```
FUNCTION ＜函数名＞
    PARAMETER ＜参数表＞
    ＜函数体命令序列＞
    RETURN ＜表达式＞
ENDFUCTION
```

函数中的返回语句 RETURN ＜表达式＞ 的功能是返回表达式的值给函数的调用者。

自定义函数的调用语法与系统函数的调用语法相同。

【例 5.34】　编程用自定义函数改写"例 5.31",计算圆面积。

```
NOTE 主程序名:ex5-34.prg
SET TALK OFF
CLEAR
INPUT "请输入圆的半径: " TO r
?"圆的面积为: ",area1(r)
SET TALK ON
CANCEL
FUNCTION area1
    PARAMETER x
    RETURN 3.1416 * x * * 2
ENDFUNCTION
```

5.7　内存变量的作用域

内存变量的作用域是指在程序或过程调用中内存变量的有效范围。按作用域的不同,Visual FoxPro 中的内存变量可分为全局变量(也称为公共变量)和局部变量(也称为专用变量)。

5.7.1　全局变量

全局变量是指在所有程序模块中都有效的内存变量。在命令窗口建立的或者用"PUBLIC"定义的内存变量为全局变量。全局变量在程序或者过程结束后不会自动释放,它只能用"RELEASE"命令释放。

定义全局变量的命令格式如下:

PUBLIC ＜内存变量表＞

该命令定义了内存变量表中的变量为全局变量。当定义多个变量时,各变量名之间用逗号间隔,这些变量在程序执行期间可以在任何层次的程序模块中使用,变量定义语句要放在使用此变量的语句之前,否则会出错,任何已经定义为全局变量的变量,可以用"PUBLIC"语句再定义,但是不允许重新定义为局部变量,使用全局变量可以增强模块之间的通信,但会降低模块之间的独立性。

【例 5.35】 用全局变量代替参数传递,改写"例 5.31"中求圆面积的程序。

```
NOTE 主程序名:ex5-35.prg
SET TALK OFF
CLEAR
INPUT "请输入圆的半径: " TO r
DO area
?"圆的面积为: ",y
SET TALK OFF
CANCEL
PROCEDURE area
    PUBLIC y
    y = 3.1416 * r * * 2
    RETURN
```

程序运行结果如下:

请输入圆的半径:10

圆的面积为: 314.160000

5.7.2 局部变量

局部变量是指在建立它的程序以及被此程序调用的程序中有效的内存变量。局部变量在建立它的过程结束后自动释放。

在程序中没有被说明为全局变量的内存变量都被看做是局部变量。局部变量也可以用PRIVATE 说明。

定义局部变量的语句格式如下:

格式 1:PRIVATE ＜内存变量表＞

格式 2:PRIVATE ALL ［LIKE | EXCEPT ＜通配符＞]

说明:格式 1 中内存变量之间用逗号间隔;格式 2 有 3 种形式:ALL 为全部内存变量;ALL LIKE 子句为所有与通配符一致的内存变量;ALL EXCEPT 子句为所有与通配符不一致的内存变量。

用"PRIVATE"语句说明的内存变量,只能在本程序及其下属过程中使用,退出程序时,变量自动释放;用"PRIVATE"语句在过程中说明的局部变量,可以与上层调用程序出现的内存变量同名,但是它们是不同的变量,在执行被调用过程期间,上层过程中的同名变量将被隐藏。

【例 5.36】 修改"例 5.35",分析程序运行结果。

```
NOTE 主程序名:ex5-36.prg
SET TALK OFF
CLEAR
y = 0
INPUT "请输入圆的半径: " TO r
DO area
```

```
?"圆的面积为：  ",y
SET TALK OFF
CANCEL
PROCEDURE area
    PRIVATE y
    y = 3.1416 * r * * 2
RETURN
请输入圆的半径:10
圆的面积为：   0
```

面积为 0 的原因是,过程中 area 中的变量 y 是局部变量,与主程序中的变量 y 是不同的变量。

小 结

本章首先介绍程序和程序设计的基本概念,建立、修改、执行程序的方法以及 Visual FoxPro 中常用的输入输出命令,然后重点介绍三种基本的结构化程序设计方法,及如何自定义子程序、过程和函数,最后讲解了内存变量的作用域等知识。

习 题

一、选择题

1.用于建立、修改、运行和打印 .prg 文件的 Visual FoxPro 命令依次是( )。

A.CREATE、MODIFY、DO 和 TYPE

B.MODIFY COMM、MODIFY COMM、RUN 和 TYPE

C.MODIFY COMM、MODIFY COMM、RUN 和 TYPE

D.MODIFY COMM、MODIFY COMM、DO 和 TYPE

2.下列结构语句中,可以使用 LOOP 和 EXIT 语句的是( )。

A.TEXT...ENDTEXT   B.DOWHILE...ENDDO

C.IF...ENDIF   D.DOCASE...ENDCASE

3.下列各表达式中能作为 < 条件 > 的是( )。

A.x + 12 * b   B.ABS(x + 12)   C."李" $姓名   D.EOF() = .F.

4.在 DO WHILE...ENDDO 循环结构中,EXIT 命令的作用是( )。

A.终止循环,程序转移到 ENDDO 后面的第一条语句

B.转移到 DO WHILE 语句行,开始下一个判断

C.退出过程,返回程序开始处

D.终止程序执行

5.执行 ACCEPT "输入 X 的值:" TO X 命令后,内存变量 X 的类型是( )。

A.数值型   B.逻辑型   C.任意型   D.字符型

6.当"FOR...ENDFOR"语句的初值大于终值时,其步长的值只能是(　　)。

A.正数　　　　　　　　　　　　　　B.负数

C.任意数　　　　　　　　　　　　　D.初值不能大于终值

二、填空题

1.使用"MODI COMM"命令时,如果不指定文件类型,其扩展名的缺省值是_____。

2.在 DO WHILE...ENDDO 循环结构中,"LOOP"命令的作用是_____。

3.填空完成下面的程序。

```
SET TALK OFF
USE student
ACCEPT "请输入待查学生姓名: " TO xm
DO WHILE .NOT.EOF( )
    IF _____
        ? "姓名: " + s _ name + "所在院系: " + department
    ENDIF
    SKIP
ENDDO
SET TALK ON
RETURN
```

4.在 Visual FoxPro 程序中,不通过说明,在程序中直接使用的内存变量是_____变量。

5.运行下列 Visual FoxPro 程序后,s 的值是_____。

```
SET TALK OFF
s = 0
p = 10
DO WHILE p < = 15
    p = p + 1
    s = s + 2 * p
ENDDO
? s
SET TALK ON
RETURN
```

6.运行下列 Visual FoxPro 程序后,屏幕上输出的最终结果是_____。

```
SET TALK OFF
CLEAR
STORE 0 TO m,n
DO WHILE .T.
    n = n + 2
    DO CASE
        CASE INT(n/3) * 3 = n
            LOOP
        CASE n > 10
            EXIT
```

```
        OTHERWISE
            m = m + n
    ENDCASE
ENDDO
? "m = " + ALLT(STR(m)) + ";" + "n = " + ALLT(STR(n))
```

三、程序设计题

1. 利用循环结构编程在屏幕上显示下列图形：

```
# # #
# # # #
# # # # #
# # # # # #
# # # # # # #
```

2. 根据 cjglk 数据库中 course 表的卷面成绩百分比和实验成绩百分比来计算 grade 表中的总成绩,计算公式如下:某门课的总成绩 = 卷面成绩 * 卷面成绩百分比 + 实验成绩 * 实验成绩百分比。

面向对象程序设计

本章重点：面向对象程序设计中的类、对象及事件、方法等基本概念；Visual FoxPro 中的类和对象；表单的创建、维护、保存与运行基本操作；Visual FoxPro 中命令按钮、单选按钮、复选框、列表框、计时器等控件的使用；菜单的创建、维护、保存与运行基本操作；定制菜单任务、工具栏的操作。

本章难点：Visual FoxPro 中命令按钮、单选按钮、复选框、列表框、计时器等控件的使用；定制菜单任务、工具栏的操作。

Visual FoxPro 不仅支持标准的结构化程序设计，而且支持面向对象的程序设计（Object-Oriented Programming, OOP）。项目开发过程中，采用面向对象程序设计方法进行设计，可简化程序开发工作。本章介绍面向对象程序设计的基本概念，详细讲解了表单的创建过程及各种控件的使用方法及创建菜单、快捷菜单和工具栏的方式。

6.1 面向对象程序设计的基本概念

OOP 是目前软件开发方法的主流。在 Visual FoxPro 中，创建表单、报表、标签，使用各种控件进行界面设计，响应鼠标与键盘消息，都是采用面向对象思想进行编程。本节介绍它的一些基本概念。

6.1.1 类（Class）

类是定义对象属性特征以及行为规则的模板。类是抽象的，是对同类对象的抽象描述，对象是具体的，是类的实例。在客观世界中，有许多具有相同属性和行为特征的事物，例如，学校是抽象的概念，可抽象为"学校"类，黑龙江八一农垦大学、大庆石油学院就是具体的学校，可看成是"学校"类的实例，即对象。类具有封装性、继承性和多态性等特性。

1.类的基本特性

（1）封装性（Encapsulation）。隐藏了类的内部数据结构和操作细节。在类的使用过程中，用户只能看到其提供的属性、事件、方法。当引用或操作对象中的数据时，只能通过调用该对象自身的方法进行。

（2）继承性（Inheritance）。指子类从父类派生时，不仅具有父类的方法和程序，而且允许添加新的属性和方法。从而减少代码的编写工作，提高了代码的可重用性。

（3）多态性（Polymorphism）。指方法程序名称相同，代码实现不同，作用于不同类型的对象上，可以根据不同的对象、类确定调用哪种方法程序，从而获得不同的结果。

Visual FoxPro 6.0 的基类可分成容器类和控件类,使用这些基类可分别生成容器对象和控件对象。Visual FoxPro 系统常用控件类见表 6.1。

表 6.1 Visual FoxPro 系统常用控件类

名称	用途
标签(Label)	创建显示文本的标签控件
文本框(TextBox)	创建一个用于用户单行输入的文本框
编辑框(EditBox)	创建用于用户多行输入的编辑框
组合框(ComboBox)	创建一个用于选择输入的下拉列表框
单选按钮(OptionButton)	创建一个单选按钮
复选框(CheckBox)	创建一个复选框
命令按钮(CommandButton)	创建一个用于执行用户命令的命令按钮
控件(Control)	创建一个能包含其他被保护对象的控件对象
自定义(Custom)	创建一个自定义对象
图像(Image)	创建一个显示图片的图像控件
线条(Line)	创建一个水平线、垂直线或斜线
列表框(ListBox)	创建一个列表框
OLE 绑定型控件	创建 OLE 绑定型控件
OLE 容器控件	创建 OLE 容器控件
形状(Shape)	创建一个显示方框、圆或椭圆的形状控件
微调(Spinner)	创建一个微调按钮
计时器(Timer)	创建一个定时执行代码的定时器

2. 创建类

在 Visual FoxPro 中,创建一个新类可以使用类设计器(可视化方式)或命令方式(Create Class)来创建。使用类设计器能够可视化地创建并修改类。类存储在类库(.vcx)文件中。例如,基于 Visual FoxPro 基类 Form 类生成一个新类。

(1)在"文件"菜单中选择"新建"菜单项,在弹出的对话框中,选择"类",出现新建类对话框,如图 6.1 所示。

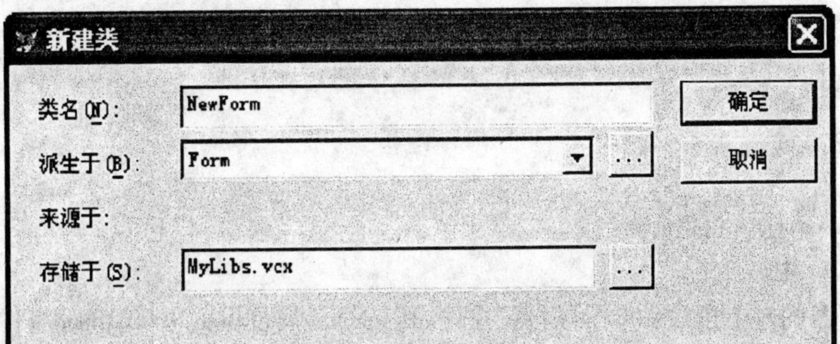

图 6.1 "新建类"对话框

(2)在图6.1中点击"确定"按钮,进入"类设计器"界面,如图6.2所示。

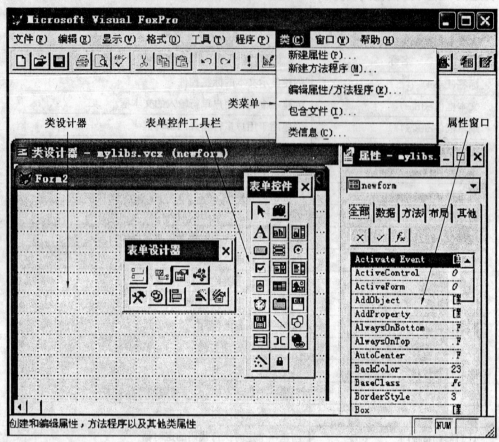

图6.2 类设计器界面

【例6.1】 自定义类的使用。

进入项目管理器的类页面,按"新建",类名和文件名自己定义,"派生于"选"container",即容器,其 borderwidth 属性设为0;在左上角放一个文本框,属性设置为:

top 0

left 0

height 25

width 97

specialeffect 1 – 平面

fontsize 15

fontbold .T. – 真

disabledforecolor 0,0,0(黑色)

alignment 2 – 中间

再在容器的左上角放一个"计时器"控件,其 interval 属性设为1000,timer 事件中写入语句:this.parent.label1.caption = time()将容器调到与文本框大小一样,如图6.3所示。存盘退出。然后新建一个表单,将这个类拖到您的表单上,再运行表单看看有什么结果。

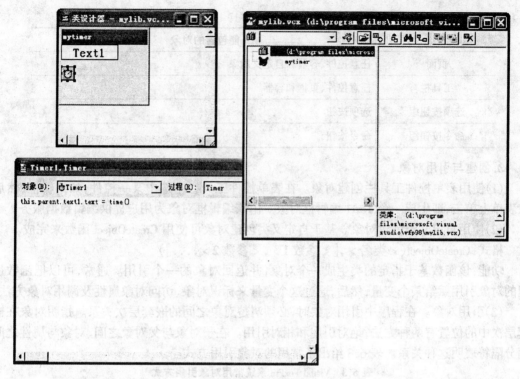

图 6.3　自定义类界面

6.1.2　对象(Object)

现实世界中客观存在的任何事物以及由此抽象出来的规则、计划或概念都可看做对象。例如,一所学校、一个院系、一名学生、一次考试都可作为对象。在 OOP 中,对象是由一组数据结构和对这组数据结构操作的代码封装起来的程序基本单位。例如,数据库中的对象包括表、视图、索引、触发器等。Visual FoxPro 中有两种对象,控件和容器。

1.控件(Control)

控件是表单上显示数据并且与用户交互的对象。例如,命令按钮对象、标签对象、文本框对象等。在 6.4 节中将详细讲述常用控件的使用。

2.容器(Container)

容器是包含控件的对象。例如,表单可以包含标签、编辑框、列表框、命令按钮等控件。表 6.2 列出了 Visual FoxPro 常用的容器及其可能包含的对象。

表 6.2　Visual FoxPro 常用容器及其能包含的对象

容器	能包含的对象
Container 容器	任何控件
表单集	表单、工具栏
表单	页框、任意控件、Container 容器或自定义对象
表格列	标头对象,除表单、表单集、工具栏、计时器和列对象以外的对象
表格	表格列
页框	页面

续表 6.2

容器	能包含的对象
页面	任意控件、容器和自定义对象
工具栏	任意控件、页框和容器
选项按钮组	选项按钮
命令按钮组	命令按钮

3.创建与引用对象

(1)使用表单控件工具栏创建对象。在表单控件工具栏中选中某一控件,如编辑框,然后在表单上单击,即生成一个 Text1 编辑框对象。由该编辑框对象为用户提供编辑数据服务。

(2)使用自定义类创建对象。基于自定义类创建对象可使用 CreateObject 函数来完成。

格式:CreateObject(<类名 > ,[<参数 1 > , <参数 2 > , . . .])

功能:该函数基于指定的类生成一个对象,并返回对象的一个引用。通常,可以把函数返回的对象引用赋给某个变量,然后,通过这个变量来标识对象、访问对象属性及调用对象方法。

(3)引用对象。在程序中引用对象时,必须清楚对象之间的嵌套层次关系。指明对象在嵌套层次中的位置有两种方法,绝对引用和相对引用。在子对象与父对象之间、对象与属性之间用分隔符表明这种关系。表 6.3 给出了常用的对象引用方式。

表 6.3　Visual FoxPro 系统常用对象引用方式

关键字	引用
ActiveControl	当前活动表单中具有焦点的控件
ActiveForm	当前活动表单
ActivePage	当前活动表单中的活动页
Parent	表示当前对象的父容器
This	表示当前对象
Thisform	包含该对象的表单
Thisformset	包含该对象的表单集

① 绝对引用。从容器的最高层引用对象,给出对象的绝对地址,如 Form1 . Text1 . Value。

② 相对引用。在容器层次中相对于某个容器层次的引用。如 Thisform . Text1 . Value。

【例 6.2】 基于 Visual FoxPro 自定义类 NewForm 生成一个表单对象,设置表单对象的属性并显示该表单。

```
objForm = createobject("newform")
objForm . show
objform . caption = "自定义类示例"
objform . release
```

6.2　常用属性、事件和方法

一般来说,对象由属性、事件和方法等成员构成,面向对象编程就是通过设置对象属性、响应事件和编写方法程序来操纵对象。在 Visual FoxPro 中，每个控件(基类)都有自己的一套属性、方法和事件。

6.2.1　属性(Property)

属性是类中定义的数据，用来描述对象的特征。如学生对象可以用学号、姓名、性别、出生日期、是否党员、所学专业等属性来描述。在 Visual FoxPro 中，控件的常见属性有标题(Caption)、名称(Name)、背景色(BackColor)、字体大小(FontSize)、是否可见(Visible)等。在表单上设置或修改控件属性非常容易，有些只需用鼠标适当拖动即可。在设计时可通过属性窗口设置，也可在程序运行时通过代码改变对象属性。Visual FoxPro 系统中常用对象属性见表6.4。

表 6.4　Visual FoxPro 系统常用对象属性

属性	说明
Caption	设置对象的标题
Name	设置对象的名字(在程序中引用)
FontName	设置控件显示使用的字体名称
FontSize	字体大小
Height	控件高度
Width	控件宽度
Visible	控件是否可见
Enable	控件是否有效
Value	设计控件当前状态(取值)
ForeColor	设置对象中的前景色(文本和图形颜色)
BackColor	设置对象内部的背景色
BackStyle	设置对象背景是否透明
AlwaysOnTop	是否处于其他窗口之上
AutoCenter	是否在 Visual FoxPro 主窗口内自动居中
ScaleMode	用于设置坐标单位
Closable	标题栏中关闭按钮是否有效
Controlbox	是否取消标题栏所有按钮
MaxButton	是否有最大化按钮
MinButton	是否有最小化按钮
Movable	运行时表单能否移动
WindowState	设置运行时是最大化、最小化、正常显示
AutoCloseTables	表单释放时是否关闭关联的数据环境中的表，默认为 .T.
AutoOpenTables	表单加载时是否打开关联的数据环境中的表，默认为 .T.

在 Visual FoxPro 系统中,设置对象的属性有两种方法。第一种方法可以在属性窗口中进行可视化设置,第二种方法可以在程序中用下列格式进行设置:

引用对象.属性 = 值

如 Thisform .Text1 .Value = "只要功夫深,铁棒磨成针。"

想一次设置多个属性时,可以采用 WITH ... ENDWITH 语句。例如

```
WITH Form1 .Text1
    .Value = "书山有路勤为径"
    .ForeColor = rgb(255, 0, 0)
    .FontSize = 18
    .FontName = "隶书"
    .FontBold = .T.
ENDWITH
```

6.2.2 事件(Event)

事件是由系统预先定义的,由用户或系统触发的一个特定的操作。例如,用鼠标单击命令按钮,将会触发一个 Click 事件,按键盘上的一个键,产生一个 Keypress 事件。表单创建时系统触发的 Load 事件,Init 事件等。对象的事件是固定的,用户不能建立新的事件。Visual FoxPro 中提供了丰富的内部事件,能够满足应用程序操作的需要。Visual FoxPro 系统常用事件见表 6.5。

表 6.5 Visual FoxPro 系统常用事件

事件	发生时刻	事件	发生时刻
Load	当对象创建前激活	MouseUp	释放鼠标键时
Init	当对象创建时激活	MouseDown	按下鼠标键
Activate	当对象激活时	KeyPress	按下并释放某键盘键时
GotFocus	当对象获得焦点时	Valid	对象失去焦点前
Click	单击鼠标左键时激活	LostFocus	对象失去焦点后
DblClick	单击鼠标左键时激活	Unload	释放对象前
Destroy	当对象从内存中释放时激活	InteractiveChange	改变控件的值时
Resize	调整对象大小时	Scrolled	在表格中移动滚动条时

事件一旦被触发(即操作发生),对象就会对该事件做出响应(Respond)。系统马上就去执行与该事件对应的过程(即为处理事件而编写的一段程序)。执行完毕,系统又处于等待某事件发生的状态,这称之为事件驱动工作方式。软件运行过程中,当某一事件发生(单击表单上的"退出"按钮),相应的过程就获得一次执行(软件结束运行),如果这一事件不发生,则这段程序就不会执行。对于没有编写代码的事件,即使发生系统也不会有任何反应。

Visual FoxPro 中事件可由用户触发,如单击某个命令按钮;可由系统触发,如计时器事件,系统按设定的时间间隔,自动产生 timer 事件,也可调用某个事件过程产生。

在项目开发过程中,在代码窗口需要定义事件循环进行事件控制。Visual FoxPro 系统中用"READ EVENTS"命令建立循环,用"CLEAR EVENTS"命令终止循环。

利用 Visual FoxPro6.0 设计应用程序时,必须创建事件循环,否则不能正常运行。"READ EVENTS"命令通常出现在应用程序的主程序中,同时必须保证主程序调出的界面中有发出"CLEAR EVENTS"命令的机制,否则程序进入死循环。

6.2.3　方法(Method)

方法指对象所固有的完成某种任务的功能,它是 Visual FoxPro 为对象定制的通用过程,用户可以在需要的时候调用。由于方法的代码由 Visual FoxPro 定义,所以对用户是不可见的。Visual FoxPro 系统常用方法见表 6.6。

表 6.6　Visual FoxPro 系统常用方法

名称	功能	调用语法
Cls	清除表单中的图形和文本	Thisform. Cls
Clear	清除组合框或列表框中的内容	Thisform. Combo1. clear
Refresh	刷新表单控件所有值	Thisform. release
SetFocus	使控件获得焦点	Thisform. text1. Setfocus
Release	从内存中释放表单	Thisform. release
Show	显示表单	Form. show
Hide	隐藏表单	Form. hide
Print	在表单上打印一个字符串	Thisform. print
Printform	打印当前表单的屏幕内容	printform
Quit	结束 Visual FoxPro 实例	This. quit

6.3　表单设计

Windows 应用程序的基本构成单位是窗口。通过窗口,用户与应用程序进行交互。Visual FoxPro 提供表单来满足可视化程序设计要求。它是用户和 Visual FoxPro 应用程序之间进行数据交互的窗口。在表单中可以加入 Windows 交互式操作界面的控件,如编辑框、文本框、列表框、命令按钮等,来构建窗口的各种组成元素,通过提供丰富的事件和方法,可以响应用户操作或系统事件,从而完成信息的输入与输出。表单也是面向对象应用程序设计在 Visual FoxPro 中应用的最重要方面,在基于图形用户界面的应用软件中应用非常广泛。

6.3.1　基础知识

1.表单(Form)

表单即用户与计算机进行交流的一种屏幕界面,用于数据的显示、输入、修改。该界面可以自行设计和定义,是一种容器类,可包括多个控件(或称对象)。表单创建后,在系统中产生两个文件,一个是扩展名为".scx"的表单文件,另外一个是扩展名为".sct"的表单备注文件。

2.表单集(Formset)

表单集是包含一张或多张表单的容器。

3.数据环境(Data Environment)

数据环境指在打开或修改一张表单或报表时需要打开的全部表、视图和关系。它以窗口形式(类似于数据库设计器)反映出与表单有关的表、视图、表之间关系等内容。可以用数据环境设计器来创建和修改表单的数据环境。数据环境一旦建立,当打开或运行表单时,其中的表或视图自动打开;关闭表单时,其中的表或视图也随之关闭。数据环境设置器窗口如图6.4所示。

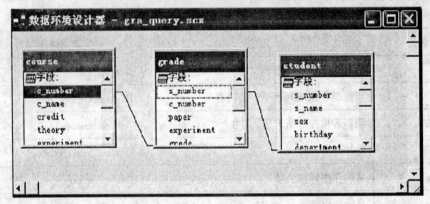

图6.4 数据环境设计器

从数据环境中直接将所需字段或表拖到正在设计的表单中,Visual FoxPro会自动生成符合要求的控件。可拖动的对象见表6.7。

表6.7 数据环境中可拖动的对象

若要创建一个	将下面的项拖动到表单
表格	表
复选框	逻辑型字段
编辑框	备注型字段
OLE 绑定型控制	通用型字段
文本框	其他类型的字段

6.3.2 创建表单

在 Visual FoxPro 中,可以用以下任意一种方法来创建表单:

(1)使用表单向导。

(2)使用表单设计器。

(3)使用表单生成器。

(4)使用命令 CREATE FORM。

在表单设计过程中,表单常用的属性、事件与方法见表 6.8。

表 6.8　表单设计中常用的属性、事件与方法

属性、事件、方法	说明	默认值
AlwaysOnTop 属性	控制表单是否总是处在其他打开窗口之上	假(.F.)
AutoCenter 属性	控制表单初始化时是否让表单自动地在 Visual FoxPro 主窗口中居中	假(.F.)
BackColor 属性	设置表单窗口的背颜色	255,255,255
BorderStyle 属性	设置表单的边框样式。0－无边框,1－有边框,2－固定边框,3－系统边框。如果 BorderStyle 为 3,用户可重新改变表单大小	3
Caption 属性	决定表单标题栏显示的文本	Form1
Closable 属性	控制用户是否能通过双击"关闭"框来关闭表单	真(.T.)
MaxButton 属性	控制表单是否具有最大化按钮	真(.T.)
MinButton 属性	控制表单是否具有最小化按钮	真(.T.)
Movable 属性	控制表单是否能移动到屏幕的新位置	真(.T.)
WindowState 属性	控制表单是最小化、最大化还是正常状态	0 正常
WindowType 属性	控制表单是非模式表单(默认)还是模式表单。如果表单是模式表单,用户在访问应用程序用户界面中任何其他单元前必须关闭该表单	0 非模式
Activate 事件	当激活表单时发生	—
Click 事件	在控制上单击鼠标左键时发生	—
DblClick 事件	在控制上双击鼠标左键时发生	—
Destroy 事件	当释放一个对象的实例时发生	—
Init 事件	在创建表单对象时发生	—
Error 事件	当某方法(过程)在运行出错时发生	—
KeyPress 事件	当按下并释放某个键时发生	—
Load 事件	在创建表单对象前发生	—
Unload 事件	当对象释放时发生	—
RightClick 事件	在单击鼠标右键时发生	—
AddObject 方法	运行时,在容器对象中添加对象	—
Move 方法	移动一个对象	—
Refresh 方法	重画表单或控制,并刷新所有值	—
Release 方法	从内存中释放表单	—
Show 方法	显示一张表单	—

1.使用向导创建表单

【例 6.3】 使用"表单向导"创建一个维护学生基本信息的表单。

步骤如下:

(1)打开"向导选取"对话框,下面三种操作都可打开。

◆ 从"文件"菜单选择"新建"菜单项,在"新建"对话框的文件类型中选择"表单",然后在"新建"对话框中单击"向导"。

◆ 从"工具"菜单选择"向导"菜单项,在其子菜单中选择"表单"。

◆ 在"项目管理器"窗口中选择"文档"选项卡,选中"表单"节点,单击"新建"按钮,然后在"新建表单"对话框中单击"表单向导";出现的"向导选取"对话框如图 6.5 所示。

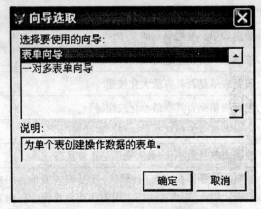

图 6.5 表单"向导选取"对话框

(2)选择"表单向导",单击"确定"按钮进入"表单向导"对话框(步骤 1),如图 6.6 所示。

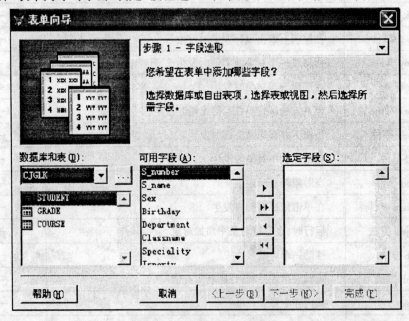

图 6.6 表单向导步骤 1

单击图 6.6 中的 按钮,选择表单的数据源,在列表框中选择要用的表,如"student"表,在

"可用字段"列表框中双击某一字段或选中某字段后单击 ，选定的字段显示在"选定字段"中。字段选定的前后顺序决定了向导在表达方式中安排字段的顺序以及标签顺序,其顺序可以通过 按钮进行调整。字段选好后,单击"下一步",进入"表单向导"对话框(步骤 2),如图6.7 所示。

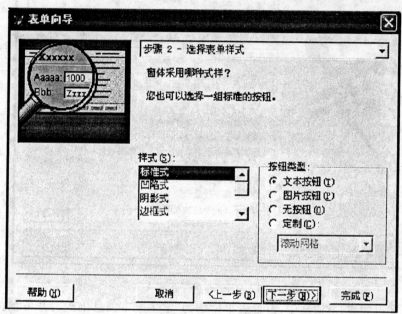

图 6.7　表单向导步骤 2

(3)在"表单向导"对话框(步骤 2)中选择表单样式,如"标准式",在"按钮类型"中选用"文本按钮",单击"下一步",进入"表单向导"对话框(步骤 3),如图 6.8 所示。

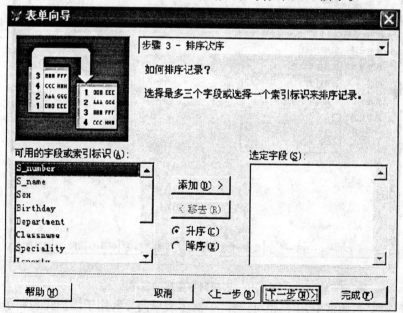

图 6.8　表单向导步骤 3

(4)排序次序中,允许选择某个字段或字段组合来排序记录,默认为按"升序"排列。在本表单中,选定"s_number"字段进行排序,单击"下一步",进入步骤4(完成)对话框,如图6.9所示。

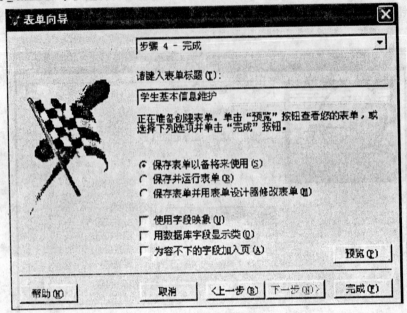

图6.9 表单向导步骤4

(5)在步骤4(完成)对话框中,设置表单标题为"学生基本信息维护",并可预览设计的效果。最终运行结果如图6.10所示。

图6.10 表单向导生成的表单

在"向导选取"对话框中,用户也可选择"一对多表单向导",用于维护父表和子表之间的数据关系。一对多表单一般使用文本框来表达父表,使用表格来表达子表。读者可参照"一对一表单向导"过程来完成。

2. 使用表单设计器创建表单

使用向导生成的表单不够灵活,满足不了实际用户需求,这时可以使用表单设计器来自定义表单。使用表单设计器设计表单,一般要经过以下几个步骤:向表单容器添加控件、调整控件布局、设置控件属性、编写表单响应事件。表单设计器如图 6.11 所示。表单设计器工具栏按钮说明见表 6.9。

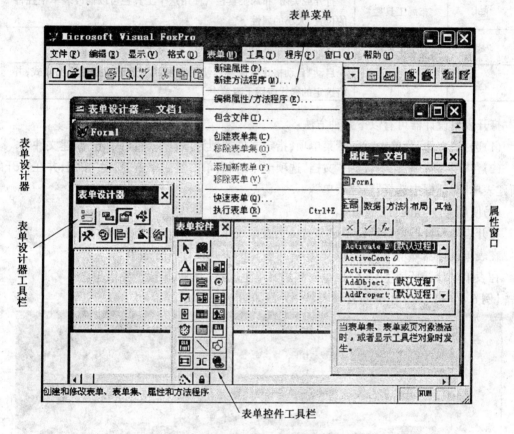

图 6.11　表单设计器窗口

表 6.9　表单设计器工具栏中的按钮

图标	按钮名称	说明
	Tab 键次序	可以修改表单中控件被访问的次序,表单控件默认的 Tab 次序是控件添加表单时的次序
	数据环境	可以打开一个"数据环境"窗口,在窗口中可以把数据表和表单进行连接,结合用户界面同时设计一个依附的数据环境
	属性窗口	可以启动可关闭"属性"窗口,在窗口里可以设置或修改表单或表单集的属性以及表单中包含的控件的属性
	代码窗口	打开或关闭一个代码窗口,在这个窗口中用户可以为表单或控件添加各种控件代码,代码窗口中带有"对象"选择列表以及"事件"选择列表

续表 6.9

图标	按钮名称	说明
	表单控件工具栏	打开或关闭"表单控件"工具栏,利用这个工具栏中的控件,用户可以设计完善的表单
	调色板工具栏	打开或关闭"调色板"工具栏,利用这个工具栏可以修改表单或控件的前景和背景颜色
	布局工具栏	打开或关闭"布局工具栏",使用这个工具栏可以修改表单中控件的位置、大小的属性
	表单生成器	打开"表单生成器",快速生成一个表单
	自动格式	启动"自动格式生成器",使用它可以为选定的控件添加样式,并将选定的样式应用于表单中

打开表单设计器可有以下几种方法:

(1)选择"文件"菜单中"新建"菜单项,指定文件类型为"表单",然后单击"新建文件"。

(2)在"项目管理器"中,选中"文档"选项卡中的"表单",然后单击"新建"按钮,并在打开的"新建表单"对话框中选择"新建表单"。

(3)使用命令 CREATE FORM。

打开表单设计器窗口后,Visual FoxPro 会在系统菜单中增加"表单"菜单项。

在表单设计器环境下,用户以交互式、可视化的方式设计各种表单。

在表单设计器环境下,用户也可以调用表单生成器,方便、快速产生表单。

【例 6.4】　创建学生成绩管理表单。界面如图 6.12 所示。

图 6.12　学生成绩管理表单

步骤 1:新建一表单,在属性窗口中设置表单属性见表 6.10。

表 6.10 表单属性设置

属性	属性值
Caption	"学生成绩管理系统"
Picture	d：\ vfp \ zhulouqianjing.jpg
MaxButton	.T.
MinButton	.T.
AutoCenter	.T.
WindowState	2 – 最大化
Name	frmMain

步骤 2：向表单中添加一标签控件，设置属性见表 6.11。

表 6.11 标签属性设置

属性	属性值
AutoSize	.T. – 真
BackStyle	0 – 透明
Caption	"欢迎使用本系统"
FontName	隶书
FontShadow	.T. – 真
FontSize	20
ForeColor	255,255,128
Name	lblWelcome

选中标签控件，依次选择"格式"，"对齐"，"水平居中"，将标签控件调整到表单的水平中间位置。

步骤 3：在表单中添加一个命令按钮控件，将其 Caption 属性设置为"关闭"，依次选择"格式"，"对齐"，"水平居中"，将命令按钮的控件调整到表单的水平中间位置。

步骤 4：在表单上双击"关闭"按钮，在弹出的窗口对象过程中加入如图 6.13 所示代码。

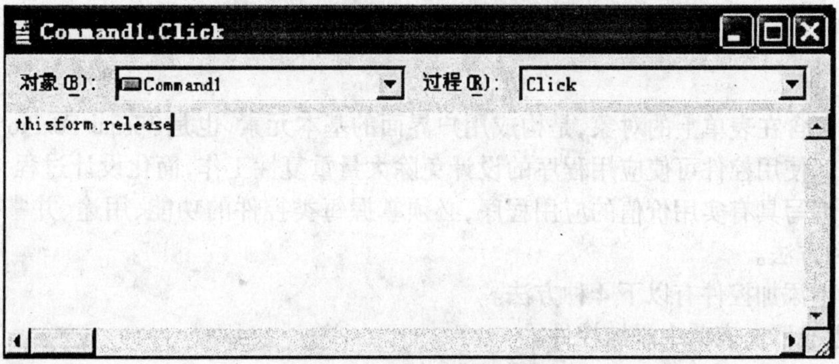

图 6.13 代码编辑器窗口

3.使用表单生成器创建表单

调用表单生成器的方法有以下 3 种。

(1)在表单设计器窗口中,选择菜单"表单"下的"快速表单"菜单项。

(2)单击"表单设计器"工具栏中的"表单生成器"按钮。

(3)右键单击表单窗口,在弹出的快捷菜单中选择"生成器"。

表单生成器显示"字段选取"和"样式"选项卡,在"字段选取"窗口中,选择表单包含的字段,在"样式"窗口中,选择一种样式,即可在表单中自动生成与选中字段对应的控件。

6.3.3　修改表单

表单设计完成后,有时候需要对表单进行修改。修改表单有以下 3 种方法。

(1)菜单方式:在系统菜单下选择"文件"/"打开",在打开对话框中选择需要修改的文件。

(2)命令方式:MODIFY FORM <表单名>。

(3)在"项目管理器"窗口中,选择"文档"选项卡,选择需要修改的表单文件。

打开表单,进入表单设计器,用表单设计器工具栏或显示菜单中的各命令修改表单。

①选择、移动和缩放控件。

选择:用鼠标单击所需控件。

移动:选定控件,用鼠标拖动到新位置或从编辑菜单中选择剪切再在新位置粘贴。

缩放:选定控件,用鼠标拖动尺寸柄直至所需大小松开。

②复制和删除表单控件。

复制:选定表单上现有的控件 → 从编辑菜单中选择复制 → 从编辑菜单中选择粘贴。

删除:选定表单上现有的控件 → 按 Delete 键。

③调整控件的布局。可利用布局工具栏使表单上的所有控件排列整齐、大小合理、对称美观。

6.3.4　运行表单

运行表单有以下 3 种方式。

(1)命令方式:DO FORM <表单名>。

(2)菜单方式:在表单设计器窗口中,选择系统菜单"表单"下的"运行"菜单项或直接单击常用工具栏中的按钮 ！。

(3)在项目管理器中,选择"文档"选项卡并指定要运行的表单,单击"运行"按钮。

6.4　常用控件

控件是包含在表单上的对象,是构成用户界面的基本元素,也是 Visual FoxPro 可视化编程的重要工具。使用控件可使应用程序的设计免除大量重复性工作,简化设计过程,有效提高设计效率。要编写具有实用价值的应用程序,必须掌握每类控件的功能、用途、并掌握其常用的属性、事件和方法。

向表单中添加控件有以下 4 种方法。

(1)用生成器向表单中添加控件。

① 打开所需表单,进入表单设计器。

② 从表单控件工具栏上选择生成器锁定按钮。

③ 从该工具栏上选择所需控件后，在表单上单击，出现该控件生成器设置对话框。

④ 在生成器的选项卡中填上有关信息。

(2)利用数据环境在表单中创建控件。从数据环境中直接将所需字段或表拖到正在设计的表单中，Visual FoxPro 会自动生成符合要求的控件。

(3)自定义方式创建控件。

① 打开表单设计器。

② 根据需要从工具栏上单击某个控件。

③ 用鼠标直接在表单上画出控件外形。

④ 在属性窗口设置该控件的各项属性。

(4)使用类浏览器向表单中添加控件。

① 在表单设计器中打开表单。

② 在类浏览器中打开类库文件，其中应包含有添加到表单中的对象的类。

③ 从类列表中，选择类名，然后把类图标拖放到表单上。类图标位于类列表的上方。

6.4.1　标签控件(Label)

1.标签控件的用途

标签控件通常用以显示提示信息，其中的文本不能被用户直接修改。

2.标签控件的常用属性

标签控件常用属性见表 6.12。

表 6.12　标签控件常用属性

属性	说明	默认值
Caption	标签显示的文本	标签的名字加数字
AutoSize	确定是否根据标题的长度来调整标签大小	.F.
BackStyle	确定标签是否透明	1 - 不透明
WordWrap	确定标签上显示的文本能否换行	.F.

【例 6.5】　使用标签控件创建表单标题。

操作步骤如下：

(1)在表单控件工具栏中，按下"标签"按钮 **A**，然后把鼠标指向表单中上部显示标题位置，这时鼠标指针变为十，拖动鼠标在表单画出一个放置文本标签控件所需的矩形框，这个矩形框标定了这个控件的大小。释放鼠标左键即可看到一个 Label1 标签放置到表单中指定位置。Label1 是这个标签控件的默认的文本，这时标签的颜色、字体、字号都是默认的，不理想，需要设置属性来调整。

(2)右击标签控件，打开"属性"设置对话框，如图 6.14 所示。

(3)设置 Caption 属性为：学生基本信息维护。

(4)设置控件的背景色 BackColor 属性为：0,128,128，这是 Windows 的红绿蓝(RGB)配色方案，每一个红、绿、蓝的颜色值可为 0 到 255 之间的值。

(5)设置控件的前景色 ForeColor 属性为：255,0,0 为红色。

(6)设置 FontName 为隶书。

(7)设置 FontSize 属性为 26。

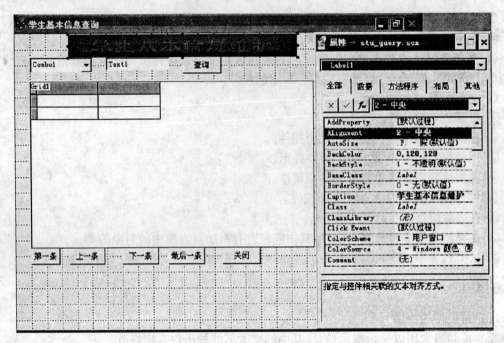

图 6.14　设置标签控件的属性

图 6.14 为添加标题控件后的表单。

6.4.2　文本框控件(TextBox)

1.文本框控件的作用

文本框控件用于显示、输入或编辑表中的非备注型字段,框中一般是单行的文本。

2.文本框的常用属性

文本框控件常用属性见表 6.13。

表 6.13　文本框控件常用属性

属性	说明	默认值
Alignment	指定文本框中的内容是左对齐、右对齐、居中还是自动对齐	3 – 自动
ControlSource	设置文本框的数据来源。一般情况下,可以利用该属性为文本框指定一个字段或内存变量	无
InputMask	设置如何输入和显示数据。InputMask 属性值是一个字符串。该字符串通常由一些所谓的模式符组成,每个模式符规定了相应位置上的数据的输入和显示行为	无
SelectOnEntry	当文本框得到焦点时是否自动选中文本框中的内容	.F.
TabStop	用户是否能用 Tab 键选择该控件	.T.
Centruy	年份的前两个数字是否显示	1 – on
ReadOnly	确定文本框是否为只读。为.T.时,文本框的值不可修改。	.F.
Value	文本框的当前值,要引用文本框的值时,应使用 Text.value	空串

3.数据绑定

文本框的值可以将它指定为表中某个字段或内存变量的值,这称为控件的数据绑定。实现数据绑定需要为控件指定数据源,数据源由控件的 ControlSource 属性确定。当为数据环境添加数据表后,属性窗口中将给出表中各字段供用户选择。数据绑定后文本框的值由字段的值决定,而字段的值也随着文本框值的变化而变化。

需要注意的是,并非所有控件与数据源值的传递都是双向的,如列表框只能将控件值传递给字段。

4.文本框生成器

控件生成器是 Visual FoxPro 系统为用户提供的控件属性设置工具,利用控件生成器可以很方便地为控件设置属性。打开控件生成器的方法是:在该控件的右键弹出菜单中选择"生成器"或按下控件工具栏中的"生成器锁定"按钮。当创建控件时,系统自动打开相应的控件生成器。注意并非所有的控件都有控件生成器。

生成器一般有以下 3 个界面。

(1)格式界面:可设置文本框的数据类型和格式。

(2)样式界面:可设置文本框控件的样式。

(3)值界面:用于设置文本框的数据源。

6.4.3　命令按钮控件(Command)

1.命令按钮的作用

命令按钮是用户与应用程序交互的最简便工具,应用十分广泛。在程序执行期间,它可以用于接收用户的操作信息,执行预先规定的命令,触发相应的事件,实现指定的功能。

2.命令按钮的常用属性

命令按钮常用属性见表 6.14。

表 6.14　命令按钮常用属性

属性	说明	默认值
Caption	设置按钮的标题	按钮的名字
Name	按钮的名字	"Command" + 数字
Picture	指定要在按钮上显示的图形文件	—
Default	设置为.T.,表示指定该按钮为默认选择。一个表单只能有一个按钮的 Default 属性为真	.F.
Cancel	设置为.T.,表示当用户按下 Esc 键时,该按钮被激活,执行与该命令按钮的 Click 事件相关的代码。一个表单只能有一个按钮的 Cancel 属性为真.	.F.
Enabled	确定按钮是否有效。Enabled 属性若设置为.F.,表示单击该按钮不会引发该按钮的单击操作	.F.

3.命令按钮响应的事件

如果按钮具有焦点,就可以使用鼠标左键或 Enter 键触发该按钮的 Click 事件。

【例 6.6】 试创建一个如图 6.15 所示表单,输入两个数,并可用命令按钮进行加、减、乘、除运算。

操作步骤如下:

(1)在表单中创建三个文本框用于输入数值和显示运算结果,两个标签用于显示运算符和等号,五个命令按钮分别用于执行加、减、乘、除和结束程序运行操作。

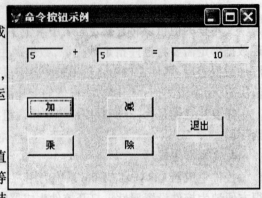

图 6.15 命令按钮示例

(2)设置表单和各控件的属性,见表 6.15。

表 6.15 表单和各控件的属性

对象	属性	属性值
表单	Name	Form1
	Caption	命令按钮示例
文本框 1	Name	Text1
文本框 2	Name	Text2
文本框 3	Name	Text3
标签 1	Name	Label1
	Caption	—
标签 2	Name	Label2
	Caption	—
命令按钮 1	Name	Command1
	Caption	加
命令按钮 2	Name	Command2
	Caption	减
命令按钮 3	Name	Command3
	Caption	乘
命令按钮 4	Name	Command4
	Caption	除
命令按钮 5	Name	Command5
	Caption	退出

(3)编写事件代码。单击"加"按钮,再在"方法程序"标签窗口中双击 Click Event,或直接双击"加"按钮,都将打开"代码编写器",如图 6.16 所示。

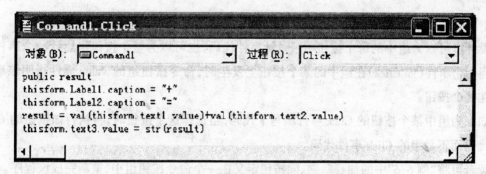

图 6.16　命令按钮"加"的单击事件代码编辑窗口

与"加"按钮类似,在"除"按钮的"代码编写器"中输入 Click 事件代码:

thisform. Label1. caption = "/"　　　　　　　　&& 设置两个操作数之间的符号为除号

thisform. Label2. caption = " = "　　　　　　　&& 设置第二个操作数与结果之间的符号为等号

IF thisform. text2. value = "0"　　　　　　　　&& 对除数不能为 0 的情况进行判断

　　messagebox("除数不能为 0",0 + 16,"系统提示")

ELSE

　　result = val(thisform. text1. text)/val(thisform. text2. text)

　　　　　　　　　　　　　　&& 获取编辑框的数据并转换为数值类型,进行除运算

　　thisform. text3. value = str(result)　　　&& 把运算结果转换为字符型并显示出来

ENDIF

在除法计算过程中,如果除数为 0,则提示错误信息。其他按钮 Click 事件参照此段代码完成。

"退出"按钮的 Click 事件代码为:Thisform. Release

6.4.4　命令按钮组控件(Command Group)

1.命令按钮组的作用

命令按钮组是包含一组命令按钮的容器控件,组中的按钮可单独操作,也可作为一个组统一操作。

2.命令按钮组常用属性

命令按钮组常用属性见表 6.16。

表 6.16　命令按钮组常用属性

属性	说明	默认值
ButtonCount	组中命令按钮的数目	2
Buttons	用于存取命令按钮中每个按钮的数组,可以通过该数组访问命令按钮组中的各个按钮。如：Thisform. commandgroup1. buttons [3]. Caption = "cancel"	—
Value	默认情况下,命令按钮组中各个按钮被自动赋予一个编号,如 1, 2,3 等。当运行表单时,一旦用户单击某个按钮,Value 将保存该按钮的编号。若在设计时,给 Value 属性赋予一个字符型数据,当运行表单时,一旦用户单击某个按钮,则 Value 将保存该按钮的 Caption 属性值	—

3. 命令按钮组事件

设计者可以为组中的每个按钮单独设计事件代码,也可以为整个按钮组设计一个事件代码。当一个事件(如 Click)在组中的某个按钮上发生时,命令按钮组的 Value 属性指明该事件发生在哪个按钮。

如果为组中某个按钮的 Click 事件编写了代码,当选择这个按钮时,将执行该按钮的 Click 事件代码而不是组的 Click 事件代码。

读者可将"例 6.6"中的加、减、乘、除按钮定义在一个命令按钮组中,重新完成该程序。

6.4.5 编辑框控件(EditBox)

1. 编辑框控件的作用

编辑框与文本框类似,可以输入或编辑长字段或备注型字段,允许自动换行并能用光标移动键、滚动条来浏览文本。

2. 编辑框控件常用属性

编辑框控件常用属性见表 6.17。

表 6.17 编辑框控件常用属性

属性	说明	默认值
AllowTabs	指定用户在编辑框中是否能使用 Tab 键,该属性为 .T. 时,允许使用 Tab 键,按 Ctrl + Tab 键焦点移出编辑框;该属性为 .F. 时,不允许使用 Tab 键,按 Tab 焦点移出编辑框	.F.
HideSelection	确定在编辑框没有获得焦点时,编辑框中选定的文本是否仍然显示为选定状态	.T.
ReadOnly	用户能否修改编辑框中的文本	.F.
ScrollBars	是否具有垂直滚动条。该属性为 0 时,编辑框没有滚动条;该属性为 2 时,编辑框包含滚动条	2

6.4.6 单选按钮组(Option Group)

1. 单选按钮组控件的作用

选项按钮组用于显示多个选项,只允许从中选择一项。单选按钮组控件实际上是包含单选按钮的容器对象。单选按钮组允许用户从中选择一个按钮,选定某个按钮后将释放先前的选择,单选按钮旁的圆点指示当前选择。

2. 单选按钮组控件的常用属性

单选按钮组常用属性见表 6.18。

表 6.18 单选按钮组常用属性

属性	说明	默认值
ButtonCount	指定选项组中包含的选项按钮个数	2
Caption	选项按钮的提示文字	—
Value	指定选项组中哪个选项按钮被选中。该属性值的类型可以是数值型的,也可以是字符型的。若为数值 N,则表示选项组中第 N 个选项按钮被选中。程序中可以通过检测 Value 的值判断用户选择了哪个选项按钮	—
ControlSource	指明与选项组建立联系的数据源。数据源可为字段变量或内存变量,类型可为数值型或字符型。若变量值为数值 3,则选项组中第 3 个按钮被选中;若变量值为"Option3",则 Caption 属性值为"Option3"的按钮被选中。用户对选项组的操作结果会自动存储到 Value 属性中	—
Buttons	用于存放选项组中每个按钮的数组。用户可以利用该属性为选项组中按钮设置属性或方法	—

【例 6.7】 用单选按钮控制在表单上显示学生的系别和政治面貌。

操作步骤如下:

(1)在表单上创建一个文本框用于输入学生姓名,两个单选按钮控制显示党员和团员,三个单选按钮指定专业,如图 6.17 所示。

(2)打开选项按钮组的"生成器",设置按钮的数目为 3,在"标题"列分别输入"计算机应用"、"农业电气自动化"及"通信工程",如图 6.18 所示,按钮布局设置如图 6.19 所示。通过生成器能简便、快速地设置控件的属性。

(3)标签和命令按钮的设置可参照 6.4.1 和 6.4.3 相应节中内容设置。

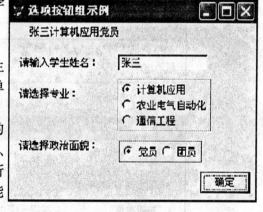

图 6.17 单选按钮组示例

(4)编写事件代码。命令按钮"确定"的 Click 事件代码如下:

```
public result
result = trim(thisform. text1. value)
DO CASE
    CASE thisform. optiongroup1. value = 1
        result = result + "计算机应用"
    CASE thisform. optiongroup1. value = 2
        result = result + "农业电气自动化"
    CASE thisform. optiongroup1. value = 3
        result = result + "通信工程"
ENDCASE
DO CASE
```

```
        CASE thisform.optiongroup2.value = 1
            result = result + "党员"
        CASE thisform.optiongroup2.value = 2
            result = result + "团员"
ENDCASE
thisform.label4.Caption = result
```

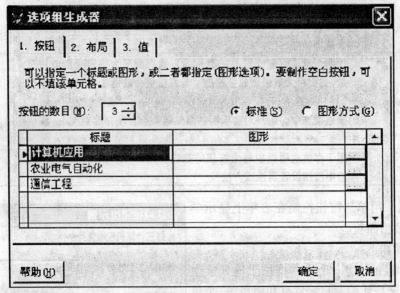

图 6.18　单选按钮组生成器

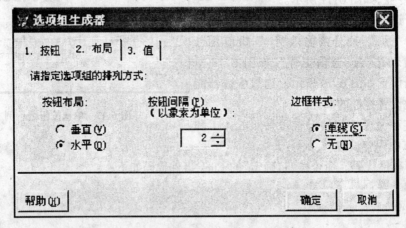

图 6.19　单选按钮组生成器布局

6.4.7　复选框控件(CheckBox)

1.复选框控件的作用

复选框控件用于在表单上设计一些选项,允许用户从这些选项中选择若干项。其值表示一个逻辑状态,选中时,值为"真";未选时,值为"假"。

2.复选框常用属性

复选框控件常用属性见表 6.19。

表 6.19 复选框控件常用属性

属性	说明	默认值
Caption	复选框的提示文字	—
Name	名字	—
Value	用来指定复选框的当前状态。该属性设定为 1 或 .T. 时,表示复选框被选中;若设定为 0 或 .F. 时,则为未被选中,若为 2 或 .null. 时,表示不确定	0
ControlSource	指明复选框建立联系的数据源,作为数据源的字段变量或内存变量,其类型是逻辑型或数值型	—

【例 6.8】 建立一个简单的购物计划程序,如图 6.20 所示,物品单价已列出,用户只需在购买物品时,选择购买的物品,并单击"总计"按钮,即可显示购物总的价格。

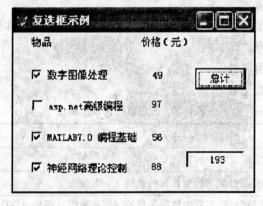

图 6.20 复选框示例

在本程序设计中采用如下设计技巧:

(1)利用窗体初始化来建立初始界面,这样做比设置属性更方便。

(2)利用复选框的 Caption 属性显示物品名称,利用 Label3 ~ Label6 的 Caption 属性,显示各物品的价格,利用文本框的 Value 属性,显示所购物品的价格。

(3)在程序设计中,使用全局一维数组存储每种物品的价格,当选中该物品时,使其对应的价格为标签中的内容。

Form1 的 Load 事件中编写代码如下:

```
public dime a(4)
a(1) = 0
a(2) = 0
a(3) = 0
a(4) = 0
```

Form1. Activate 事件中编写代码如下:

```
thisform. Label1. Caption = "物品"
thisform. Label2. Caption = "价格(元)"
thisform. Check1. Caption = "数字图像处理"
```

thisform. Check2. Caption = "asp. net 高级编程"

thisform. Check3. Caption = "MATLAB7.0 编程基础"

thisform. Check4. Caption = "神经网络理论控制"

Check1 的 Click 事件中编写代码如下,其他代码类似:

```
IF thisform. check1. value = 1
    a(1) = val(thisform. Label3. Caption)
ELSE
    a(1) = 0
ENDIF
```

"确定"按钮代码如下:

thisform. text1. value = str(a(1) + a(2) + a(3) + a(4))

6.4.8 列表框控件(ListBox)

1.列表框控件的作用

列表框控件用于显示一组预定的值,并可以通过滚动条来操作和浏览列表信息,用户可以从列表中选择需要的数据。

2.列表框控件的常用属性

列表框控件常用属性见表 6.20。

表 6.20 列表框控件常用属性

属性	说明	默认值
ColumnCount	指定列表框中的列数	1
ListCount	指明列表框中数据条目的数目	—
List	用以存放列表框中数据条目的字符串数组。例如,LIST[1]代表列表框中第一行(第一个数据项)	—
value	返回列表框中被选中的条目。该属性可以为数值型,也可为字符型,若为数值型,返回的是被选条目在列表框中的次序号;若为字符型,返回的是被选条目的本身内容	—
Selected	该属性是一个逻辑型数组,第 N 个数组元素代表第 N 个数据项是否为选定状态	数值型
ControlSource	指定一个字段或变量用以保存用户从列表框中选择的结果	逻辑型
MoverBars	是否在列表项左侧显示移动按钮栏,这样有助于用户更方便地重新安排列表中各项的顺序	.F.
MultiSelect	用户能否从列表中一次选择多个项	.F.
RowSource	列表中显示内容的数据源	无
RowSourceType	确定 RowSource 是下列哪种类型:值、表、SQL 语句、查询、数组、文件列表或字段列表	—

3.列表框控件的常用方法

(1)AddItem 方法。

作用:向列表框添加列表项,当 RowSourceType 属性设置为 0 时可用。

一般格式：AddItem(cItem[,nIndex][,nColumn])

其中 cItem 指定列表框中的列表项内容,nIndex 指定要加入列表项的位置,nColumn 指定列。

(2)RemoveItem 方法。

作用：从组合框中移动一项。

一般格式：RemoveItem(nIndex)

其中参数 nIndex 指定被移去项的序号。

【例6.9】 建立一个列表框,在列表框中有一些院系的名称,单击"确定"按钮,在标签上显示选定项的名称,如图6.21所示。

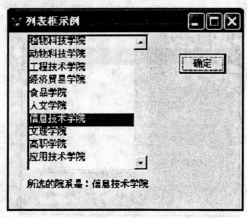

图6.21 列表框示例

本例中共建立3个控件,标签 Label1 的属性设置为空;列表框通过表单的 Activate 事件过程,使用 AddItem 方法把院系名称添加进去。其过程代码如下：

```
thisform. List1. AddItem("植物科技学院")
thisform. List1. AddItem("动物科技学院")
thisform. List1. AddItem("工程技术学院")
thisform. List1. AddItem("经济贸易学院")
thisform. List1. AddItem("食品学院")
thisform. List1. AddItem("人文学院")
thisform. List1. AddItem("信息技术学院")
thisform. List1. AddItem("文理学院")
thisform. List1. AddItem("高职学院")
thisform. List1. AddItem("应用技术学院")
```

"确定"按钮的 Click 事件响应代码为：

```
thisform. label1. caption = "所选的院系是:" + thisform. list1. Value
```

6.4.9 组合框控件(ComboBox)

1.组合框控件作用

组合框控件类似列表框和文本框的组合,也提供一组条目供用户从中选择,若用户选中列表框中某个列表项,该列表项的内容将自动装入文本框中。当列表框中没有所需选项时,也允许在文本框中直接输入特定的信息,此时组合框的 Style 属性必须设置为0。组合框控件的常用方法与列表框基本相同。

2.组合框常用属性

组合框控件常用属性见表6.21。

表6.21　组合框控件常用属性

属性	说明
0	下拉组合框。用户既可以从列表中选择,也可以在编辑框中输入
1	下拉列表框。用户只能从列表中选择

【例6.10】　编写一个能对组合框进行项目添加、删除、清空操作,并能显示组合框中项目数的程序,如图6.22所示。

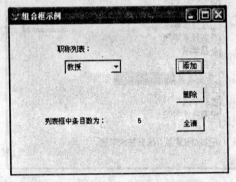

图6.22　组合框控件运行窗口

操作步骤如下:

(1)在表单上按图6.22所示创建一个组合框、两个标签和三个命令按钮,设置组合框的Style属性为2 – 下拉列表框。

(2)打开组合框的生成器,按图6.23所示设置。

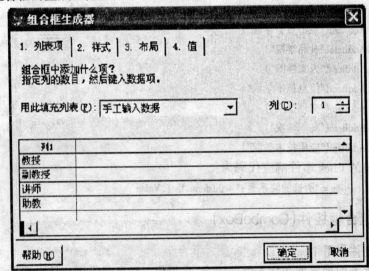

图6.23　组合框生成器

(3)编写事件代码。

"添加"按钮的 Click 事件代码如下:

```
IF len(trim(thisform.Combo1.value))! = 0
    thisform.Combo1.additem(thisform.Combo1.value)
    thisform.Label1.Caption = "列表框中条目数为:" + str(thisform.combo1.listCount)
ENDIF
```

"删除"按钮的 Click 事件代码如下:

```
IF len(trim(thisform.Combo1.value))! = 0
    thisform.Combo1.RemoveItem(thisform.Combo1.value)
    thisform.Label1.Caption = "列表框中条目数为:" + str(thisform.combo1.listCount)
ENDIF
```

"全清"按钮的 Click 事件代码如下:

```
thisform.Combo1.Clear
thisform.Combo1.value = ""
thisform.Label1.Caption = "列表框中条目数为:" + str(thisform.combo1.listCount)
```

6.4.10　计时器控件(Timer)

1.计时器控件的用途

计时器控件能够有规律地按设定时间间隔,触发一个定时器事件,而执行相应的事件过程。定时器独立于用户,在应用程序中,可用于完成经过一定时间间隔进行相应处理的操作。例如,常用来检查系统时钟,判断是否应该执行某项任务,也有用于动态监控、动画制作等。计时器控件只在设计时出现在表单上,运行时,计时器控件不可见。

2.计时器控件常用属性

计时器控件常用属性见表 6.22。

表 6.22　计时器控件常用属性

属性	说明	默认值
Enabled	若想让计时器在表单加载时就开始工作,应将这个属性设置为"真"(.T.),否则将这个属性设置为"假"(.F.)。也可以选择一个外部事件(如命令按钮的 Click 事件)启动计时器操作	.T.
Interval	事件之间的间隔毫秒数	—

【例 6.11】　在表单上建立一个数字式时钟,如图 6.24所示。

操作步骤如下:

(1)在表单上创建一个计时器控件和一个标签控件。定时器控件的 InterVal 属性设置为 1000(1s);

(2)打开代码编写窗口,计时器控件的 Timer 事件处理过程如下:

图 6.24　计时器示例

```
thisform.Label1.Caption = time()
```

timer 事件过程中的 time() 函数返回系统时间。系统运行时,标签控件显示的时间间隔为

1 s,改变一次。

6.4.11 表格控件(Grid)

1.表格控件的用途

表格控件是在表单中处理多行数据的强有力工具。它是一个容器对象,可以容纳表中的若干列(Column)对象,每列又包含表头(Head)和数据行。表格、列、表头都有自己的属性、事件和方法。常用来显示表中数据。

2.表格控件常用表格属性

(1)RecordSourceType 属性与 RecordSource 属性。

RecordSourceType 属性指明表格数据源的类型,RecordSource 属性指定表格的数据源。RecordSourceType 属性的取值范围及含义见表 6.23。

表 6.23　RecordSourceType 的设置值说明

属性	说明
0	表。数据来源于由 RecordSource 属性指定的表,该表能被自动打开
1	(默认值)别名。数据来源于已打开的表由 RecordSource 属性指定该表的别名
2	提示。运行时,由用户根据提示选定表格数据源
3	查询(.qpr)。数据来源于查询,由 RecordSource 属性指定一个查询文件(.qpr)
4	SQL 语句。数据来源于 SQL 语句,由 RecordSource 属性指定一条 SQL 语句

设置了表格的 RecordSource 属性后,可以通过 ControlSource 属性为表格中的一列指定它所要显示的内容,如果不指定,该列将显示表格数据源中下一个还没有显示的字段。

(2)ColumnCount 属性。ColumnCount 属性指定表格的列数,即一个表格对象所包含的列对象的数目。该属性的默认值为 -1,此时表格将创建足够多的列来显示数据源中的所有字段。

(3)LinkMaster 属性。用于指定表格控件中所显示的子表的父表名称。使用该属性在父表和表格中显示的子表(由 RecordSource 属性指定)之间建立一对多的关联关系。要在两个表之间建立这种一对多关系,除了要设置该属性,还要用到 ChildOrder 和 RelationalExpr 两个属性。

(4)ChildOrder 属性。用于指定在建立一对多的关联关系过程中,子表所要用到的索引。ChildOrder 属性类似于 Set Order 命令。

(5)RelationalExpr 属性。确定基于主表(由 LinkMaster 属性指定)字段的关联表达式。当主表中的记录指针移至新位置时,系统首先会计算出关联表达式的结果,然后再从子表中找出在索引表达式(当前索引可由 ChildOrder 属性指定)上的取值与该结果相匹配的所有记录,并将它们显示于表格中。

(6)常用的列属性。每个列都是一个对象,有它自己的属性、方法和事件。设计时要首先设置列对象的属性。

① ControlSource 属性。指定要在列中显示的数据源,常见的是表中的一个字段。如果不设置该属性,列中将显示表格数据源(由 RecordSource 属性指定)中下一个还没有显示的字段。

② CurrentControl 属性。指定列对象中的一个控件,该控件显示和接收列中活动单元格的数据。列中非活动单元格的数据将在缺省的 TextBox 中显示。

缺省情况下,表格中的一个具体列对象包含一个标头对象(名称为 Header)和一个文本框对象(名称为 Text1),而 CurrentControl 属性设置的默认值就是文本框 Text1。用户可以根据需要往列对象中添加所需要的控件,并将 CurrentControl 属性设置为其中的某个控件。比如,可以用复选框来显示和接收逻辑型字段的数据。

可以在表单设计器环境下,交互式地往表格列中添加控件。

③ Sparse 属性。用于确定 CurrentControl 属性是影响列中的所有单元格还是只影响活动单元格。如果属性值为 .T.(默认值),只有列中的活动单元格使用 CurrentControl 属性指定的控件显示和接收数据,其他单元格的数据用缺省的 TextBox 显示。如果属性值为 .F.,列中所有的单元格都使用 CurrentControl 属性指定的控件显示数据,活动单元格可接收数据。该属性在设计时可用,在运行时可读写,仅适用于列。

【例 6.12】 使用表格控件建立一查询表单,按学号或姓名查询。表单通过下拉列表框选择查询方式,用户在文本框中输入要查询的学号或姓名,在表格中显示出查询结果。如图6.25所示。

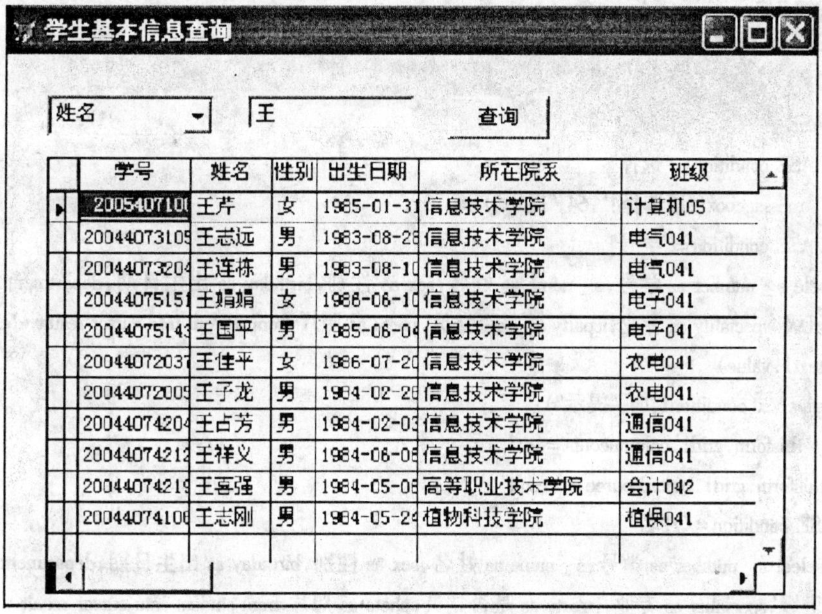

图 6.25 学生基本信息查询表单

操作步骤如下:

(1)打开"学生成绩管理"项目,选择"文档"选项卡,点击"表单"节点,单击"新建"按钮。

(2)添加组合框控件。为该控件的 Init 事件编写初始化代码如下:

```
this.displayvalue = "选择"
this.additem("学号")
this.additem("姓名")
this.additem("全部")
```

(3)添加文本框控件。

(4)添加"表格"控件。单击"表单控件"工具栏中的"表格控件按钮",用鼠标在表单中合适的位置单击,在该位置处即出现一表格。

(5)添加"查询"命令按钮。

(6)在表格的 Init 事件中编写代码如下:

select s＿number as 学号,s＿name as 姓名,sex as 性别,birthday as 出生日期,department as 所在院系,classname as 班级,speciality as 专业,isparty as 是否党员,photo as 照片 from student into cursor result order by s＿number

thisform.grid1.columncount = ﹣1

thisform.grid1.recordsource = "result"

程序完成的功能主要是通过 SQL 语句生成游标,然后设置表格的记录源为该游标。从而显示表中的内容。

(7)为"查询"按钮编写 Click 事件处理过程:

condition = allt(thisform.combo1.value)

condition1 = allt(thisform.text1.value)

IF condition = = ""

 messagebox("请输入学号或姓名!",64,"提示")

ELSE

 DO CASE

  CASE condition = "选择"

   messagebox("请选择!",64,"提示")

  CASE condition = "学号"

sele s＿number as 学号,s＿name as 姓名,sex as 性别,birthday as 出生日期,department as 所在院系,classname as 班级,speciality as 专业,isparty as 是否党员,photo as 照片 from student into cursor result where s＿number = allt(thisform.text1.value)

  && messagebox(condition1,64,"提示")

   thisform.grid1.columncount = ﹣1

   thisform.grid1.recordsource = "result"

  CASE condition = "姓名"

   select s＿number as 学号,s＿name as 姓名,sex as 性别,birthday as 出生日期,department as 所在院系,classname as 班级,speciality as 专业,isparty as 是否党员,photo as 照片 from student into cursor result where s＿name = allt(thisform.text1.value)

   thisform.grid1.recordsource = "result"

  CASE condition = "全部"

   select s＿number as 学号,s＿name as 姓名,sex as 性别,birthday as 出生日期,department as 所在院系,classname as 班级,speciality as 专业,isparty as 是否党员,reward as 奖惩,photo as 照片 from student into cursor result

   thisform.grid1.recordsource = "result"

  ENDCASE

ENDIF

thisform.refresh

(8)保存并运行表单。

6.4.12 页框控件(PageFrame)

1.页框控件的用途

在表单窗口中显示多个对象时,可以使用 Visual FoxPro 提供的页框控件。从而使窗口界面清晰。它是 Visual FoxPro 的一个基类。

页框是包含"页面"的容器,在页面中可以包含具体的控件,如表格。一个页面在运行时对应一个窗口,只有最上面的页面的控件是活动可见的。

2.页框控件常用属性

页框控件常用属性见表6.24。

表6.24 页框控件常用属性

属　　性	说　　明	默认值
pageCount	页框包含的页面数量	2
ActivePage	当前的活跃页面编号	1
Pages	该属性是一个数组,用于存取页框中的某个页对象	—
Tabs	指定页框中是否显示页面标签栏	.T.

【例6.13】 创建一个包含两个页面的页框,第一个页面显示课程信息,第二个页面显示成绩信息,并在两个页面间建立相应的联系,即在课程表中选中某课程时,在第二个页面中自动显示该课程的成绩情况,如图6.26所示。

图6.26 课程页面窗口

操作步骤如下:

(1)打开"学生成绩管理"项目,新建表单。

(2)添加"标签"控件,将其 Caption 属性设置为"各课程成绩情况查询"。

(3)添加"页框"控件。在"属性"窗口的对象栏中选择第一个页面(Page1)。将该页面的

Caption 属性设置为"课程"。在该页面中加入一个"表格",使用"表格生成器"设置表格的属性。选定课程表中的字段,如图 6.27 所示。

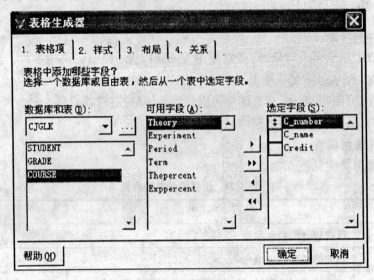

图 6.27　利用"表格生成器"设置课程表格

(4)设置"成绩"页面。在"属性"窗口中选择第二个页面(Page2)。将该页面的 Caption 属性设为"成绩"。在该页面中加入一个"表格",使用"表格生成器"设置表格的属性。选定成绩表中的字段,如图 6.28 所示。

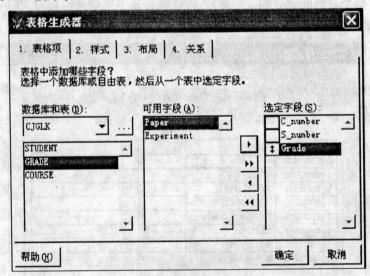

图 6.28　利用"表格生成器"设置成绩表格

(5)在"表格生成器"的关系选项卡中,设置"课程表"和"成绩表"的一对多关系,如图 6.29 所示。

(6)保存并运行。

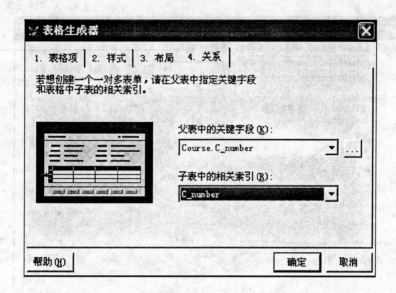

图 6.29　设置"课程"表和"成绩"表的一对多关系

6.5　菜单设计

6.5.1　菜单系统规划

1.设计准则

(1)根据用户任务组织菜单系统。

(2)给每个菜单和菜单选项设置一个意义明了的标题。

(3)按照估计的菜单项使用频率、逻辑顺序或字母顺序组织菜单项。

(4)在菜单项的逻辑组之间放置分隔线。

(5)给每个菜单和菜单选项设置热键或键盘快捷键。

(6)将菜单上菜单项的数目限制在一个屏幕之内,如果超过了一屏,则应为其中一些菜单项创建子菜单。

(7)在菜单项中混合使用大小写字母,只有强调时才全部使用大写字母。

2.设计步骤

(1)菜单系统规划。

(2)建立菜单和子菜单。

(3)将任务分派到菜单系统中。

(4)生成菜单程序。

(5)测试并运行菜单系统。

6.5.2　菜单介绍

菜单是菜单栏、菜单标题、菜单列表和菜单项的组合,如图 6.30 所示。

(1)菜单栏:位于窗口标题下的水平条形区域,用于放置各菜单标题。

(2)菜单标题:即菜单名,用于标识菜单。

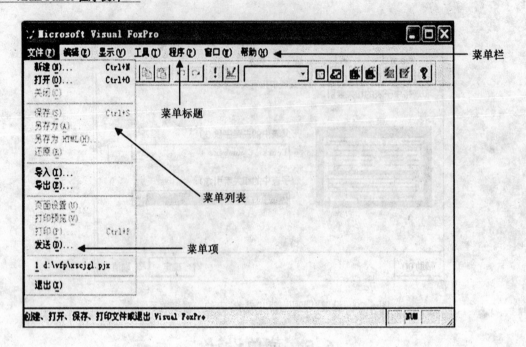

图 6.30　菜单结构

(3)菜单列表:单击菜单标题打开相应的菜单列表,菜单列表由一系列菜单项组成,包括命令、过程和子菜单等。

(4)菜单项:列于菜单上的菜单命令,用于实现某个具体操作。

6.5.3　菜单的建立

菜单由一个条形菜单和一组弹出式菜单组成。其中条形菜单是主菜单,弹出式菜单为子菜单。建立菜单的基本步骤如下:

1.启动"菜单设计器"窗口

打开"菜单设计器"窗口有以下三种方式:

(1)菜单"文件"/"新建",在"新建"对话框中,选择"菜单"选项单击"新建文件"按钮。

(2)在"项目管理器"中,选择"其他"选项卡,选择"菜单"项按"新建"按钮。

(3)在命令窗口使用建立菜单命令:CREATE MENU。

"新建菜单"对话框有两个按钮:"菜单"按钮和"快捷菜单"按钮。其中"菜单"按钮用于建立系统主菜单,"快捷菜单"按钮用于建立快捷菜单即单击鼠标右键弹出的菜单。单击"菜单"按钮,弹出"菜单设计器"窗口。打开"菜单设计器"窗口,系统菜单自动打开一个名为"菜单"的菜单,系统菜单"显示"中自动增加两个命令,即"常规选项..."和"菜单选项..."。

2.菜单设计

用户利用"菜单设计器"和这些新增加的命令进行菜单设计。

3.保存菜单定义和生成菜单程序

完成菜单设计后,选择菜单"文件"/"保存"菜单项,系统保存当前的菜单定义,生成菜单文件(.mnt)和菜单备注文件(.mnx)。菜单文件不能直接运行,只有生成了菜单程序(.mpr)才能直接运行,菜单文件的扩展名及说明见表 6.25。

表 6.25　菜单文件的扩展名及说明

扩展名	说明
.mnx	菜单定义文件
.mnt	菜单备注文件
.mpr	菜单程序文件

4.生成菜单程序

在"菜单设计器"窗口处于打开状态下,选择"菜单"/"生成"命令,将当前菜单生成菜单程序。生成菜单程序名与菜单文件同名,扩展名为".mpr"。

5.运行菜单

命令:DO 菜单程序名.mpr

在菜单程序运行时,系统将菜单程序(.mpr)编译成扩展名为".mpx"的菜单目标程序。

6.5.4　菜单设计器

"菜单设计器"窗口包括列表项"菜单名称"、"结果"、"选项"3 列,还有"菜单级"下拉列表框、"菜单项"组合按钮组、"预览"按钮,如图 6.31 所示。

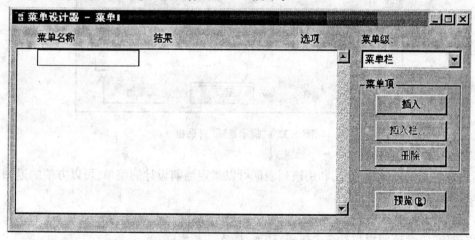

图 6.31　菜单设计器

1."菜单名称"列

"菜单名称"列指定菜单的标题和菜单项,其内容是菜单运行时显示的内容。为菜单定义一个快捷键,可以通过在某一个字符前输入"\ <"来设置,例如,"文件(\ <F)"表示文件的快捷键是字母 F。同时,可将菜单项按功能归类分组,在两组之间插入一条水平的分组线,方法是在"菜单名称"列输入"\ -"字符。

2."结果"列

"结果"列是一个带有 4 个选项的下拉式列表。这个列表中的项可以确定当前设定菜单的类别。这 4 个列表项分别是:命令、填充名称、子菜单和过程。

(1)命令:为当前的菜单项定义一个命令,菜单项的动作是执行这个命令。

(2)填充名称:为当前的菜单项定义一个内部名字,以方便对它的引用。

(3)子菜单:它可以有下一级菜单,单击右边的"编辑"按钮可以创建它的下一级子菜单。

(4)过程:为当前的菜单项定义一个过程,菜单项的动作是执行这个过程。

3."选项"列

单击"选项"列按钮弹出"提示选项"对话框,利用这个对话框为当前的菜单项设定快捷键、信息及注释等,如图 6.32 所示。

图 6.32 "提示选项"对话框

4."菜单级"下拉列表框

当用户定义了多级菜单时,利用该列表框可以指定当前设计的菜单,可以方便的返回到上级菜单或主菜单。

5."菜单项"组合按钮组

"菜单项"组合按钮组包括 3 个按钮:插入、插入栏和删除。

(1)插入:在当前菜单项前插入一个菜单项。

(2)插入栏:在子菜单的当前菜单项前插入一个系统菜单项。

(3)删除:删除当前的菜单项。

6."预览"按钮

单击"预览"按钮可以查看菜单的设计效果。

6.5.5　菜单设计器应用

在 Visual FoxPro 中为用户提供了菜单设计器,方便用户创建应用程序主菜单、快捷菜单、子菜单和菜单项分组等。

1.创建应用程序菜单

以创建"学生成绩管理系统"菜单为例,介绍创建应用程序菜单的方法和步骤。应用程序菜单设计包括主菜单、子菜单项的设计。

【例 6.14】　利用"菜单设计器"创建"学生成绩管理系统"应用程序菜单,效果如图 6.33 所示。

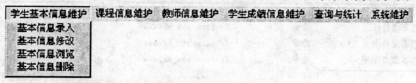

图 6.33　"学生成绩管理系统"应用程序菜单

操作步骤如下:

(1)创建主菜单。在"项目管理器"中,选择"其他"选项卡,选择"菜单"项单击"新建"按钮,打开"菜单设计器"对话框,如图 6.34 所示,在"菜单设计器"中添加主菜单项,在"菜单名称"列中输入主菜单标题,例如,"学生基本信息维护";在"结果"列中选择"子菜单"项。在"菜单级"下拉列表框中设置为"菜单栏",表示当前编辑的是主菜单。

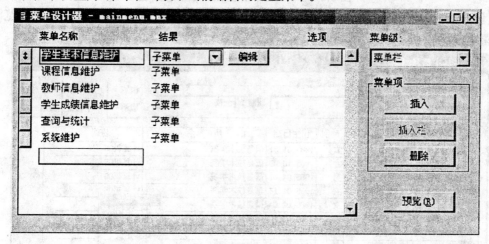

图 6.34　"学生成绩管理系统"主菜单

(2)创建子菜单。在 Visual FoxPro 中可以为每一个主菜单项创建其子菜单,以"学生基本信息维护"菜单项的子菜单为例,说明建立子菜单的过程。

在"菜单设计器"中,将"学生基本信息维护"菜单项的"结果"列设为"子菜单",单击"学生基本信息维护"所对应的"编辑"按钮,进入"学生基本信息维护"的子菜单编辑对话框。设置子菜单项的菜单名称,如"基本信息录入",设置"结果"列为"命令",命令的输入如图 6.35 所示。

(3)保存及生成菜单文件。完成"学生成绩管理系统"应用程序菜单的设置,单击"预览"按钮查看菜单的设计效果,保存菜单文件名为:mainmenu.mnx。选择菜单"菜单"/"生成",自动生成菜单程序 mainmenu.mpr。

(4)运行菜单程序。在"项目管理器"/"其他"/"菜单"中选中 mainmenu,单击"运行"按钮或在命令窗口中输入:DO mainmenu.mpr。

2.创建快捷菜单

利用鼠标右键单击对象时,会打开快捷菜单,快捷菜单中包含对当前对象的所有操作,例如,"剪切"、"复制"、"粘贴"、"首条记录"等操作。

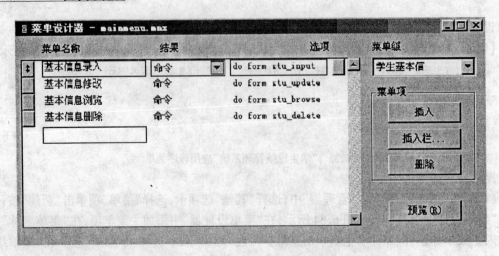

图 6.35 "学生基本信息维护"子菜单项

【例 6.15】 利用"快捷菜单设计器"创建"学生成绩管理系统"中"学生基本信息浏览"的快捷菜单,效果如图 6.36 所示。

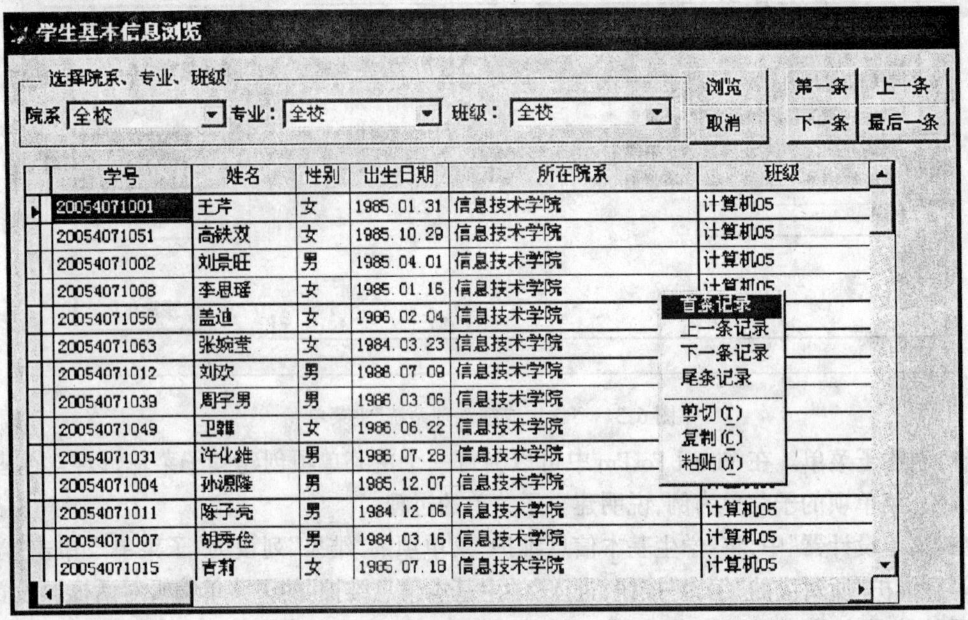

图 6.36 快捷菜单

操作步骤如下:

(1)打开"快捷菜单设计器"对话框。在"项目管理器"/"其他"/"菜单"/"新建"/"快捷菜单"中,打开"快捷菜单设计器"对话框。

(2)设置快捷菜单项,在"快捷菜单设计器"对话框中设置"命令"型菜单项,如"首条记录"和"尾条记录";"过程"型菜单项,如"上一条记录"和"下一条记录",过程代码如图 6.37 所示."子菜单"型菜单项作为菜单项分组符和"菜单项"型,如"剪切"、"复制"和"粘贴"。

(3)保存及生成快捷菜单程序。选择"菜单"/"生成",保存菜单文件名为:quickmenu.mnx,生成菜单程序 quickmenu.mpr.

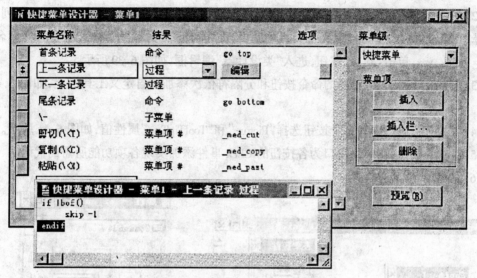

图 6.37 "快捷菜单设计器"对话框

(4)快捷菜单加载。

打开"学生基本信息浏览"表单 stu_browse。

表单的 Activate 事件代码为：

PUSH KEY CLEAR

ON KEY LABEL RIGHTMOUSE DO QUICKMENU.MPR

表单的 Destroy 事件代码为：

PUSH KEY CLEAR

(5)运行表单"stu_browse"，在数据列表中单击鼠标右键，即可弹出新建的快捷菜单。

6.5.6 工 具 栏

工具栏是一组图形按钮，单击可以执行菜单项的对应任务。自定义工具栏可以浮动在窗体中，也可以设置在 Visual FoxPro 6.0 主窗体的上部、下部或两边。可以利用 Visual FoxPro 6.0 提供的工具栏基类创建自定义工具栏。

1."类设计器"定义工具栏类

【例 6.16】 利用"类设计器"定义快捷菜单工具栏。

操作步骤如下：

(1)在"项目管理器"中选择"类"选项卡，单击"新建"按钮，弹出"新建类"对话框，如图6.38 所示。

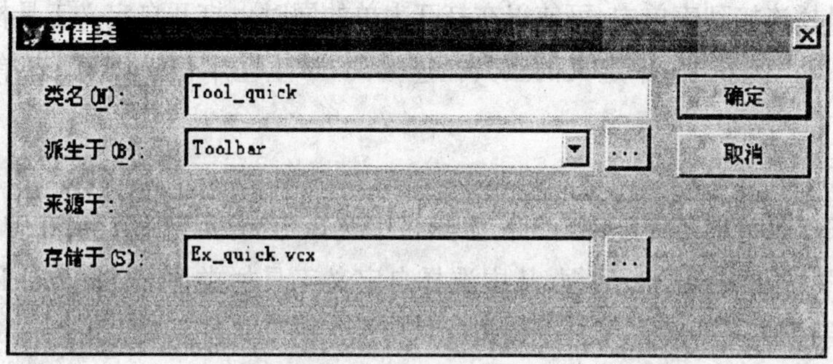

图 6.38 "新建类"对话框

(2)在"新建类"对话框中"类名"文本框输入新类名"Tool_quick";在"派生于"下拉列表框中选择"Toolbar"基类,作为自定义工具栏的基类;在"存储于"文本框中输入新类的类库名,例如 Ex_quick.vcx,单击"确定"按钮,进入"类设计器"编辑框,如图 6.39 所示。

(3)在类设计器中,将所需的命令按钮和分隔符依次添加到自定义工具栏上,如图 6.40 所示。

(4)在"属性"窗口中为每个按钮选择"Picture"和"ToolTipText"属性值,如图 6.41 所示。

(5)双击各按钮,在代码窗口为各按钮的 Click 事件添加实现各项功能所需的代码。

(6)保存。

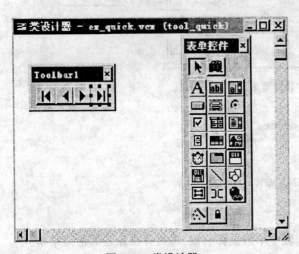

图 6.39　类设计器

图 6.40　自定义工具栏

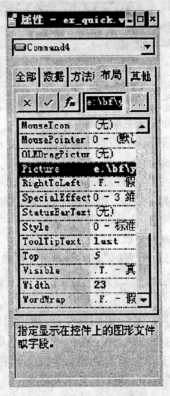

图 6.41　"属性"对话框

2.工具栏连接到表单

自定义工具栏连接到表单中,可使得在打开表单的同时也打开自定义工具栏。

【例 6.17】　将"例 6.16"中定义的工具栏连接到"学生基本信息浏览"表单"stu_browse"上,效果如图 6.42 所示。

操作步骤如下:

(1)打开"表单设计器",在"表单控件"工具栏中选择"查看类"按钮，在弹出的下拉列表框中选择"添加",显示"打开"对话框,从中选择自定义工具栏类库名 Ex_quick.vcx,单击"打开",这时,"表单控件"工具栏的第三个按钮就是所添加的工具栏新类,如图 6.43 所示。

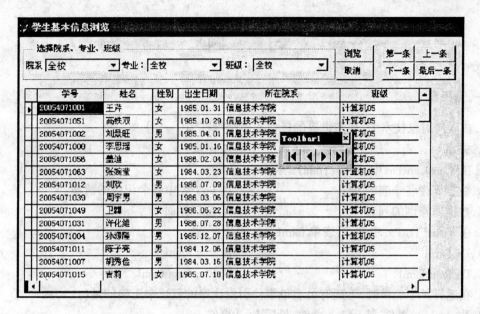

图 6.42 带自定义工具栏的"学生基本信息浏览"

(2)单击"表单控件"工具栏中的"tool_quick"按钮 ，放置在表单的相应位置，弹出如图 6.44 所示对话框，单击"是"按钮，系统首先创建一个含有被打开表单的表单集，然后将新的工具栏加入到表单中。

图 6.43 表单控件工具栏

(3)保存并执行表单。

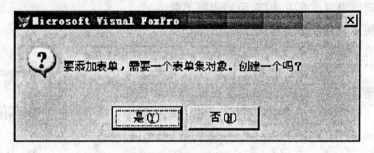

图 6.44 "提示"对话框

小　　结

本章首先介绍了 Visual FoxPro 中面向对象程序设计的基本概念，然后着重介绍了 Visual FoxPro 中表单设计、表单操作(如创建、保存、编辑和运行)、表单属性设置等过程，菜单的设计准则、应用程序菜单和快捷菜单的创建方法等操作。重点讲解了标签控件、文本框控件、命令按钮控件、编辑框控件、计时器等标准控件的使用方法，定制菜单任务、工具栏的操作。

习　题

一、选择题

1.在面向对象技术中,现实世界的任何实体都可称为(　　　)。

A.关系　　　　　　　　B.属性　　　　　　　　C.记录　　　　　　　　D.对象

2.在 Visual FoxPro 中,表单(Form)是指(　　　)。

A.数据库中各个表的清单　　　　　　　B.一个表中各个记录的清单

C.数据库查询的列表　　　　　　　　　D.窗口界面

3.在 Visual FoxPro 中,运行表单 form1.scx 的命令是(　　　)。

A.Do form1　　　　　　　　　　　　　B.Run form1

C.Do form form1　　　　　　　　　　　D.Run form form1

4.在运行某个表单时,下列有关表单事件引发次序的叙述中正确的是(　　　)。

A.先 Activate 事件,然后 Init 事件,最后 Load 事件

B.先 Activate 事件,然后 Load 事件,最后 Init 事件

C.先 Init 事件,然后 Activate 事件,最后 Load 事件

D.先 Load 事件,然后 Init 事件,最后 Activate 事件

5.关于组合框和列表框的叙述,正确的是(　　　)。

A.组合框和列表框都可以设置成多重选择

B.组合框和列表框都不可以设置成多重选择

C.组合框可以设置成多重选择,而列表框不能

D.列表框可以设置成多重选择,而组合框不能

6.在表单的属性窗口中,(　　　)决定表单标题栏的显示文本。

A.Height　　　　　　　B.Width　　　　　　　C.Caption　　　　　　D.Name

7.项目管理器中,(　　　)选项卡包含表单、报表和标签。

A.文档　　　　　　　　B.数据　　　　　　　　C.代码　　　　　　　　D.其他

8.Visual FoxPro 中表单保存在以(　　　)为扩展名的文件中。

A..mnx　　　　　　　　B..scx　　　　　　　　C..pjx　　　　　　　　D..frx

9.在菜单设计器窗口中,如果要为某个菜单项设计一个子菜单,则该项的"结果"列应选择
(　　　)。

A.命令　　　　　　　　B.过程　　　　　　　　C.子菜单　　　　　　　D.菜单项

10.在 Visual FoxPro 中,可以执行的菜单文件的扩展名为(　　　)。

A..mnx　　　　　　　　B..prg　　　　　　　　C..mpr　　　　　　　　D..mnt

11.要将 Edit 菜单项中的字符 E 设置为访问键(结果为"Edit"),下列方法中正确的是
(　　　)。

A.Edit(\<E)　　　　　B.\<Edit　　　　　　　C.Edit(\>E)　　　　　D.\>Edit

二、简答题

1.对比结构化程序设计思想与面向对象程序设计思想,体会面向对象编程的优越性。

2.使用表单设计器设计表单的基本步骤是什么?

3.简述列表框、组合框、编辑框、页框和网格控件的异同。

4.菜单设计器中"结果"列有几种选择? 各种选择的作用是什么?

三、设计题

1.新建一个表单,要求该表单的标题为"常用控件使用",在表单上放置一个下拉列表框、一个标签和一个按钮控件。以"数据结构"、"操作系统"、"数据库系统"作为下拉列表框的列表项。要求单击该按钮时,能够在标签上显示出下拉列表框当前选中的列表项。

2.参照本教材提供的"学生成绩管理系统"中的学生基本信息表,新建一个表单 view.scx,包含一个用于输入学生学号的文本框、一个表格控件和两个按钮,分别为"查询"和"退出"。要求实现的功能为:在文本框中输入某学生的学号后单击"查询"按钮,如果存在该学生的成绩信息,则在表格控件中显示出该学生的所有成绩;如果不存在该学生的成绩信息,则弹出一个消息框显示"没有该学生的成绩信息"。单击"退出"按钮结束表单的运行。

3.利用快捷菜单功能,设计一个自己的应用程序菜单。

4.为表单设计一个具有"新建表"、"打开表"和"关闭表"三个菜单项的快捷菜单。

第7章 报表与标签设计

本章重点：报表的创建、预览操作；报表设计器的基本操作；报表控件工具栏的操作。
本章难点：报表设计器的基本操作；报表控件工具栏的操作。

通过前面的学习，已经能够根据需要从数据库中检索出所要查找的信息了。进行信息查询检索最终目标要输出处理结果。处理结果可以输出到屏幕上，但很多时候也需要打印出来。处理结果通过打印机输出到书面上就是报表和标签。本章主要介绍报表与标签的设计方法。

7.1 报表设计概述

报表和标签有两个基本组成部分：数据源和报表布局。数据源指定了报表和标签中数据的来源，可以是表、视图、查询、临时表等；报表布局指定了报表和标签中各个输出内容的位置和格式。报表和标签从数据源中提取数据，按照布局定义的位置和格式输出数据。

Visual FoxPro 6.0 中的报表设计器和标签设计器为报表和标签的设计提供了灵活方便的编辑环境，可以设置数据环境，完成数据的布局和输出。创建的报表或标签保存在相应的文件中，见表7.1。

表 7.1 报表、标签文件的扩展名及说明

扩展名	说　明
.frx	报表定义文件
.frt	报表备注文件
.lbx	标签定义文件
.lbt	标签备注文件

在设计报表时，遵循以下四个主要步骤：
(1)决定要创建的报表类型。
(2)创建报表布局文件。
(3)修改和定制布局文件。
(4)预览和打印报表。

报表和标签文件并不存储数据源中每个数据的值，只存储数据的位置和格式信息，所以每次打印时，打印出来的报表内容随数据库内容的改变而改变。常见的报表类型有列报表、行报表、一对多报表、多栏报表、标签等，如图7.1所示。

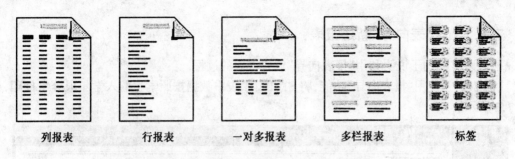

| 列报表 | 行报表 | 一对多报表 | 多栏报表 | 标签 |

图 7.1　报表布局

表 7.2 给出了报表布局类型的一些说明，以及它们的常规用途。

表 7.2　报表的布局类型

布局类型	说明	用途
列报表	报表中每行打印一条记录，字段按从左至右的顺序排列	分组/总计报表、财政报表、存货清单、销售总结
行报表	报表中多行打印一条记录，字段按从上至下的顺序排列	列表
一对多报表	用于打印具有一对多的多表数据，报表中每打印一条主表记录，子表中就打印多条记录	发票、会计报表
多栏报表	报表中每行打印多条记录的数据	电话号码簿、名片
标签	多列记录，每条记录的字段左对齐垂直放置	邮件标签、名字标签

Visual FoxPro 6.0 提供了下面 3 种可视化的方法来创建报表：

(1)利用报表向导创建报表。

(2)利用快速报表功能创建报表。

(3)利用报表设计器创建和修改报表。

通常，创建报表时先使用"报表向导"或"快速报表"把一个报表的所有字段和部分字段快速添加到报表中，创建一张简单报表，再利用报表设计器进一步修改完善。

7.2　报表向导

报表的创建就是定义报表的数据源和数据布局。使用报表向导是创建报表的最简单的途径，可通过回答一系列的问题来进行报表的设计，使报表的设计工作变得省时有趣。

在 Visual FoxPro 6.0 中，提供了两种不同的报表向导：一是"报表向导"，对一个单一表或视图进行操作；二是"一对多报表向导"，对多表或视图操作。实际应用中根据具体情况，选择相应的向导。

7.2.1 "报表向导"新建报表

下面以实际例子说明利用"报表向导"创建报表的过程。

【例 7.1】 使用"报表向导"功能,将 STUDENT 表中数据按照学生的入学年限分组打印,如图 7.2 所示。

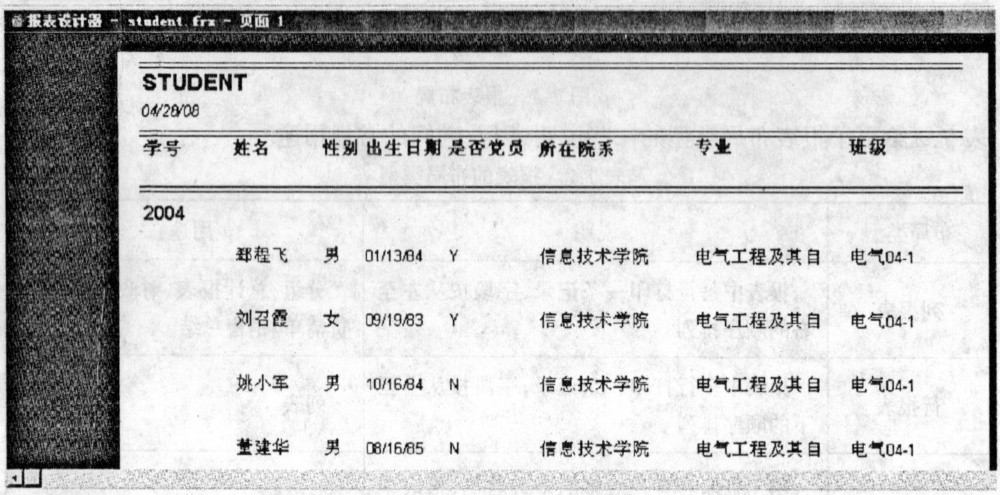

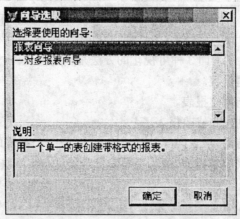

图 7.2 "报表向导"生成的报表

步骤如下:

(1)打开"文件"/"新建"/"报表"/"向导"(或从常用工具栏上选报表(R))/"向导选取"/选择"报表向导",弹出"向导选取"对话框,如图 7.3 所示。

图 7.3 "向导选取"对话框

(2)单击"确定"按钮,弹出"向导选取"对话框(步骤 1),单击 按钮,选择报表的数据库,如"CJGLK",在列表框中选择要用的表,如"STUDENT",在"可用字段"列表框中双击某一字段或选中某字段后单击 ,选定的字段显示在"选定字段"列表框中。字段选定的前后顺序决定了向导在表达方式中安排字段的顺序以及标签顺序,其顺序可以通过 按钮进行调整。字段选好后,效果如图 7.4 所示。

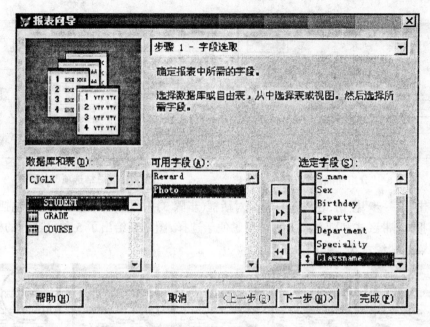

图 7.4 步骤 1-字段选取

(3)单击"下一步"按钮,进入"报表向导"对话框(步骤 2),可根据实际需要选择分组条件,最多可以设置三级分组,如图 7.5 所示。入学年限是"S_number"字段的前四个字母,在下拉列表框中选定分组条件"S_number",单击"分组选项…"按钮,打开"分组间隔"对话框,设置分组方式是整个字段还是字段的前几个字符,如图 7.6,按照"S_number"的"前四个字母"分组。单击"总结选项…"打开"总结选项"对话框,如图 7.7 所示,计算"求和"、"平均值"、"计数"等统计操作,设置完成,返回"报表向导"对话框(步骤 2)。

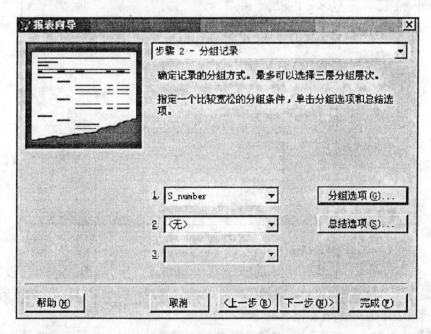

图 7.5 步骤 2-分组记录

图 7.6 "分组间隔"对话框   图 7.7 "总结选项"对话框

(4)单击"下一步"按钮,在"报表向导"对话框(步骤 3)中,报表样式列表框中包括经营式、帐务式、简报式、带区式和随意式 5 种。为了便于选择,图 7.8 给出了 5 种可选择的样式。本题选择默认选项"经营式",如图 7.9 所示。

经营式   帐务式   简报式   带区式   随意式

图 7.8 报表样式

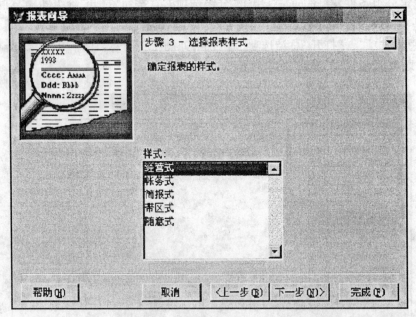

图 7.9 步骤 3-选择报表样式

(5)单击"下一步"按钮,打开"报表向导"对话框(步骤 4),通过列数、方向和字段布局定义报表的布局方式。其中列数设置报表的分栏数;方向设置打印报表时,打印纸的方向;字段布局设置是行报表还是列报表,如图 7.10 所示。

【注意】步骤 2"分组记录"中一旦设置分组条件,这里的列数和字段布局属性均不可用。

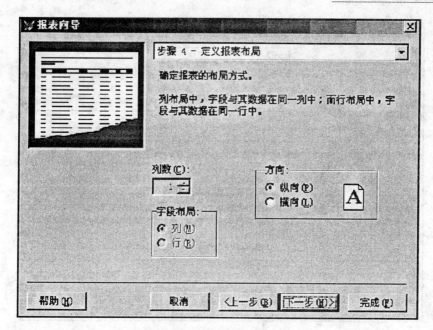

图 7.10 步骤 4 - 定义报表布局

(6)单击"下一步"按钮,进入"报表向导"对话框(步骤 5),确定表的排序方式,如图 7.11 所示。首先,从"可用的字段或索引标识"列表框中选取字段,如"S_name";其次,单击单选按钮组中的排序方式,如"升序";最后,单击"添加"按钮将其添加到"选定字段"列表框。

【注意】选定字段数目最多不能超过 3 个。

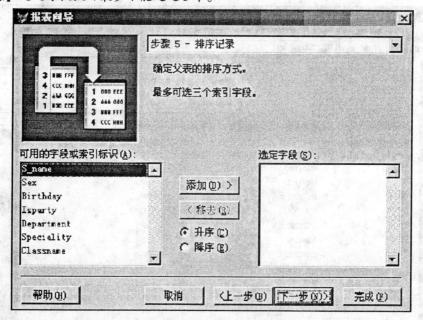

图 7.11 步骤 5 - 排序记录

(7)单击"下一步"按钮,如图 7.12 所示,"步骤 6"对话框(完成)中,可以设置报表标题,例如"学生表"。单击"预览"按钮可以预览报表的生成效果,需修改可点击"上一步"重复此过程。可以通过单选按钮组选择退出报表的方式,最后点击"完成"按钮退出"报表向导"。

图 7.12　步骤 6 - 完成

7.2.2 "一对多报表向导"新建报表

一对多报表可以同时操作两个表或视图,并能自动确定它们之间的连接关系。

【例 7.2】　使用"一对多报表向导",将学生的信息和成绩以报表形式打印,如图 7.13 所示。

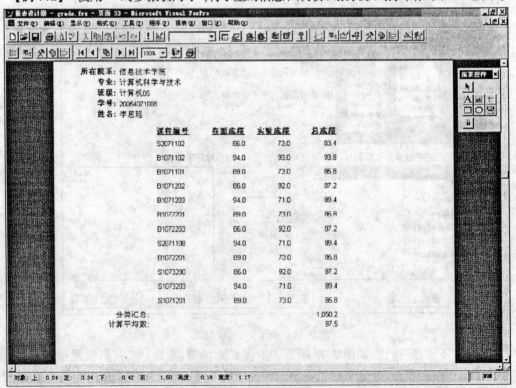

图 7.13　"一对多报表向导"生成的报表

要实现本题,必须用学生表和成绩表这两个表,而在学生表与成绩表之间存在着一个学生对应着多门课程成绩的一对多关系,学生表是该关系中的"一"方即父表,成绩表对应着该关系中的"多"方即子表。

步骤如下:

(1)打开"文件"/"新建"/"报表"/"向导"(或从常用工具栏上选报表(R))/"向导选取",选择"一对多报表向导",如图 7.14 所示。

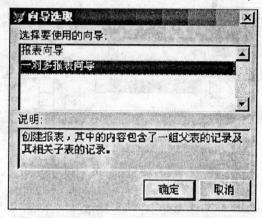

图 7.14 "一对多报表向导"选取对话框

(2)单击"确定"按钮,弹出"一对多报表向导"对话框(步骤 1),如图 7.15 所示,在"数据库和表"选择父表所在的数据库和表名,例如,将"CJGLK"数据库中的"STUDENT"表作为父表,在"可用字段"列表框中选择院系"Departent"、专业"Speciality"、班级"Classname"、学号"S_number"和姓名"S_name"字段添加到"选定字段"列表框在报表内显示。

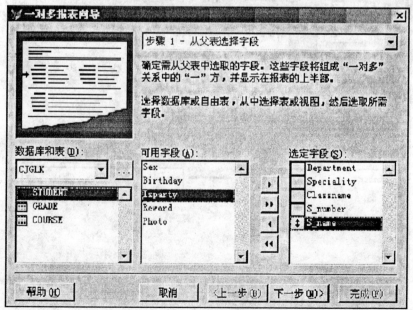

图 7.15 步骤 1 - 从父表选择字段

(3)单击"下一步"按钮,打开"步骤 2 - 从子表选择字段"对话框,如图 7.16 所示,在"数据库和表"选择"CJGLK"数据库中的"GRADE"表为子表,将表中课程编号"C＿number"、卷面成绩"Paper"、实验成绩"Experiment"、总成绩"Grade"字段添加到选定字段列表框中在报表内显示。

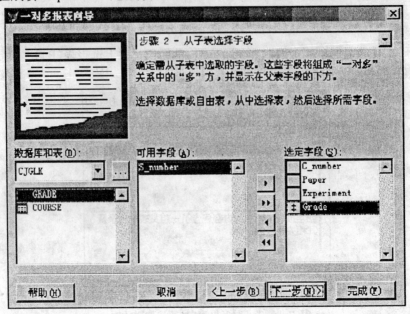

图 7.16　步骤 2－从子表选择字段

(4)单击"下一步"按钮,如图 7.17 所示,在弹出对话框"步骤 3－为表建立关系"中,选择父表与子表之间的关联字段,即子表"GRADE"中"s＿number"字段匹配父表"STUDENT"中"s＿number"字段。

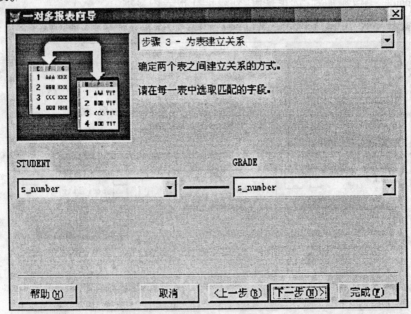

图 7.17　步骤 3－为表建立关系

(5)单击"下一步"按钮,打开"一对多报表向导"对话框(步骤 4),确定父表的排序方式,即一对多报表的排序方式,如图 7.18 所示,最多可以选择 3 个索引字段。如在"可用的字段或索引标识"列表框中,选择字段"S_number"按升序排列添加到"选定字段"列表框。

图 7.18 步骤 4 - 排序记录

(6)单击"下一步"按钮,打开"一对多报表向导"对话框(步骤 5),确定报表的样式,如图 7.19所示。本例中选择默认样式"经营式",打印方向为"纵向"。本题目要求计算学生各科总分及平均分,因而利用"总结选项..."按钮,打开如图 7.20 所示"总结选项"对话框,选中 "Grade"字段的"求和"及"平均值"复选按钮,单击"确定"按钮,完成对"总结选项"对话框的设置。

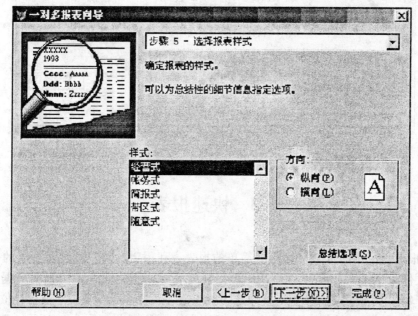

图 7.19 步骤 5 - 选择报表样式

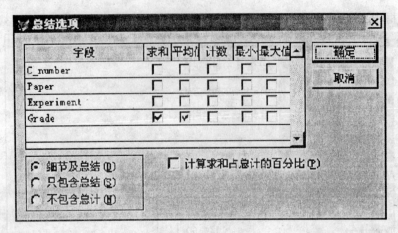

图 7.20　总结选项

(7)单击"下一步"按钮,如图 7.21 所示,打开"一对多报表向导"对话框(步骤 6),修改报表标题为"学生成绩表",单击"完成"按钮。

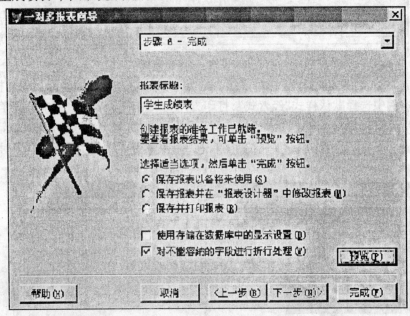

图 7.21　步骤 6 - 完成

7.3　快速报表

"快速报表"命令用于创建一个格式简单的报表。利用"快速报表"创建报表的一般步骤为:打开"文件"/"新建"/"报表"/"新文件"/"报表菜单"/"快速报表",打开所需数据表并选择布局,"选择字段"/"确定",关闭报表设计器(最好先预览一下),给出文件名及保存位置。

【例 7.3】　使用"快速报表"打印"COURSE"表中的数据,效果如图 7.22 所示。

C_number	C_name	Credi	Theory	Experi	Period	Term	Theper	Expper
S2071102	软件工程	3	30	10	40	7	80	20
B1071102	数据结构	3	50	20	70	6	80	20
B1071101	C程序设计语言	4	60	20	80	1	80	20
B1071202	计算机组成原理	4	74	60	14	6	80	20
B1071203	汇编语言程序设计	3	60	44	16	5	80	20
B1072201	电路分析	5	90	76	14	3	80	20
B1072202	模拟电子技术	3	64	52	12	3	80	20
B1072203	数字电子技术	4	74	60	14	3	80	20
S1071102	操作系统	3	52	42	10	5	80	20
S1071201	接口技术	3	50	38	12	5	80	20

图 7.22 "快速报表"生成的报表

步骤如下:

(1)打开"文件"/"新建"/"报表"/"新建文件",打开"报表设计器"窗口,如图7.23所示,此时主菜单栏中增加了"报表"菜单。

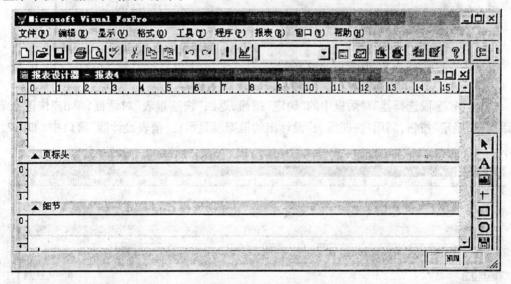

图 7.23 "报表设计器"窗口

(2)单击"报表"/"快速报表",选择"COURSE"作为数据源,单击"确定"按钮,弹出如图7.24所示的"快速报表"对话框。

(3)在"快速报表"对话框中指定报表的字段布局,左侧图形按钮为"行"布局,右侧图形按钮为"列"布局,本例指定默认的"行"字段布局,单击"字段..."按钮,弹出如图7.25所示"字段

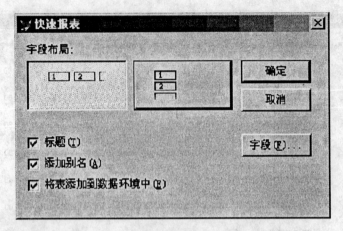

图 7.24 "快速报表"对话框

选择器"对话框,通过"字段选择器"对话框可以为报表添加显示字段。

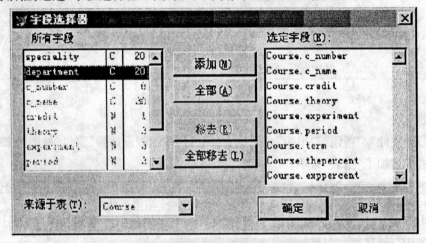

图 7.25 "字段选择器"对话框

(4)单击"字段选择器"对话框中的"确定"按钮,返回"快速报表"对话框,单击"快速报表"对话框的"确定"按钮,利用"快速报表"设计出的框架就显示在"报表设计器"窗口中,如图7.26所示。

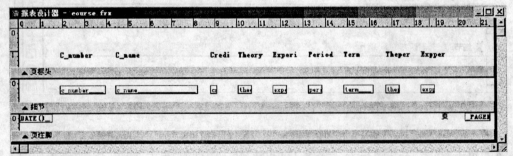

图 7.26 快速报表的结构

(5)单击菜单"显示预览"命令或者单击常用工具栏上的"打印预览"按钮,即可显示预览效果,如图 7.22 所示。如果计算机连有打印机,单击"打印预览"工具栏上"打印报表"按钮,即可打印输出该报表。

(6)单击菜单"文件保存"命令或单击常用工具栏上的"保存"按钮,保存该报表。

7.4 报表设计器

"报表向导"和"快速报表"只能创建模式化的简单报表,利用"报表设计器"可以修改已有的报表或创建自定义报表。利用"报表设计器"可以方便地设置报表数据源、设计报表布局、添加各种报表控件、设计带表格的报表、分组报表、多栏报表,符合用户要求并具有特色的报表。

7.4.1 启动报表设计器

启动报表设计器的方法有以下几种。

(1)命令格式:CREATE REPORT［文件名|?］

功能:打开报表设计器。

(2)命令格式:CREATE REPORT 文件名 FROM 文件名 2［FIELDS ＜字段名 1,字段名 2,…＞］

功能:可以不打开报表设计器就能创建一张包含特定字段的快速报表。无［FIELDS …］时,报表中的字段与数据表相同。

(3)单击"文件"/"新建",在"新建"对话框中选定"报表"按钮,然后单击"新建文件"按钮。

(4)打开"项目管理器"对话框,在"文档"选项卡中选取"报表"项,单击"新建"按钮,在弹出的"新建报表"对话框中单击"新建报表"按钮。

(5)单击"文件"/"打开"或者用工具栏上"打开"按钮,在弹出的"打开"对话框中选定已存在的报表文件,单击"确定"按钮,打开如图 7.27 所示的"报表设计器"窗口。

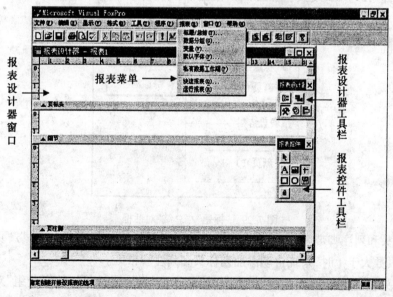

图 7.27 "报表设计器"窗口

"报表设计器"窗口主要包括报表的数据环境、报表设计器窗口、报表设计工具和报表菜单。

7.4.2 报表的数据环境

设计报表时,通过设置数据环境为报表添加数据源。数据环境通过以下3种方式管理数据源:

(1)在报表打开或运行时,打开报表使用的表或视图文件。

(2)用相关的表或视图中的内容来填充报表所需要的数据组。

(3)在报表关闭或释放时关闭表文件。

若要设置报表的数据环境,在打开的"报表设计器"窗口中单击"显示"/"数据环境",将弹出"数据环境"窗口,如图7.28所示,然后添加表或视图即可。

图7.28 数据窗口

7.4.3 "报表设计器"窗口

Visual FoxPro 6.0"报表设计器"窗口将报表划分为不同的区域分别设置,这些不同的分区称为带区。带区的功能是打印或预览报表时,控制数据在页面上的打印位置。默认情况下,"报表设计器"窗口中显示三个带区,即页标头、细节和页注脚。

在"报表设计器"窗口中,允许添加其他带区。

(1)标题和总结带区:通过"报表"/"标题"/"总结...",从弹出的"标题"/"总结"对话框中进行选择,如图7.29所示,选中"标题带区"复选框和"总结带区"复选框。

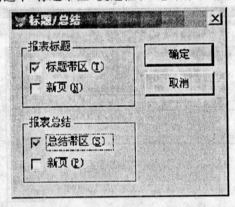

图7.29 "标题"/"总结"对话框

(2)列标头和列注脚带区:当报表中数据量超过一页长度并且通过"文件"/"页面设置"对话框中设置页数大于1时,系统自动添加列标头和列注脚带区。

(3)组标头和组注脚带区:选择"报表"/"数据分组"菜单项,打开"数据分组"对话框,如图7.30所示,通过"分组表达式"列表框设置分组字段,"报表设计器"窗口中增加组标头和组注脚带区。

带区不同设置的内容不同,输出时情况也不同,表7.3列出各带区的打印方式和主要功能。

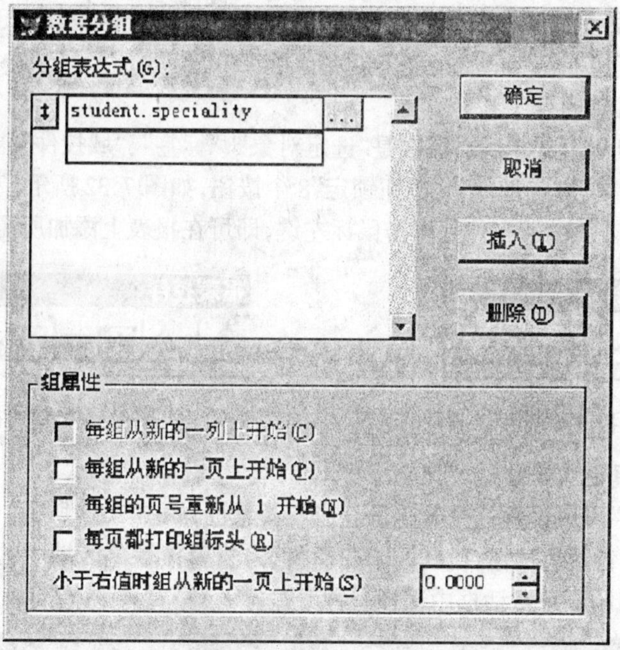

图 7.30 "数据分组"对话框

表 7.3 各带区的打印方式主要功能

带区	打印方式	主要功能
标题	每个报表开头打印一次	标题、日期、公司标徽、标题周围的框
页标头	每个页面开头打印一次	报表字段名称
列标头	报表数据分栏时,每栏开头打印一次	列标题
组标头	报表数据分组时,每组开头打印一次	数据前面的文本
细节	每个记录打印一次	数据
组注脚	报表数据分组时,每组结尾打印一次	组数据的计算结果值
列注脚	报表数据分栏时,每栏结尾打印一次	总结,总计
页注脚	每个页面结尾打印一次	页面和日期
总结	每个报表结尾打印一次	总结

7.4.4 报表设计工具

"报表设计器"窗口中,选择"显示"/"工具栏",在弹出的"工具栏"对话框中,选择"报表设计器"、"报表控件"、"布局"、"调色板"复选框,单击"确定"按钮,或者通过"显示"菜单的"报表控件工具栏…"、"布局工具栏"、"调色板工具栏"子菜单项,即可打开"报表设计器"、"报表控件"、"布局"、"调色板"工具栏。

1."报表设计器"工具栏

"报表设计器"工具栏上从左到右依次是"数据分组"、"数据环境"、"报表控件工具栏"、"调色板工具栏"、"布局工具栏"5 个按钮,如图 7.31 所示。单击"报表设计器"上某个按钮使其处于"按下"状态,即可打开该按钮对应窗口或工具栏,再单击该按钮使其处于"弹起"状态,即可关闭当前窗口或工具栏。

2."报表控件"工具栏

"报表控件"工具栏上从左到右依次是"选定对象"、"标签"、"域控件"、"线条"、"矩形"、"圆角矩形"、"图片/ActiveX 绑定控件"、"按钮锁定"8 个按钮,如图 7.32 所示。单击"报表设计"上某个控件,选定报表窗口的适当位置单击鼠标左键,即可在报表上添加所需控件。

图 7.31　"报表设计器"工具栏

图 7.32　"报表控件"工具栏

3."调色板"工具栏

"调色板"工具栏可以设置控件的前景色或者背景色,如图 7.33 所示。选定报表中的一个控件,单击前景色或背景色按钮,使其处于按下状态,然后在颜色区域中的选择一种颜色或者单击 按钮,在弹出的颜色对话框中选择一种颜色。

图 7.33　"调色板"工具栏

4."布局"工具栏

"布局"工具栏如图 7.34 所示。使用方法同"调色板"工具栏。

图 7.34　"布局"工具栏

7.4.5　控件的使用

1.标签控件

标签控件可在报表中添加说明性文字或者标题。例如,在列报表中页标头带区内对应字段变量的正上方加入标签或在行报表中细节带区内对应字段变量的左侧,用来说明字段意义。添加标签控件的方法是:单击"报表控件"工具栏的"标签"按钮 **A**,选择报表中的适当位置单击左键,在相应位置出现一个竖线插入点,输入标签文字。若要更改标签文字的字体字号,选定该标签控件,单击"格式"/"字体...",在弹出的"字体"对话框中进行设定。

　　【注意】为了避免误操作修改标签位置,在设置该标签控件的属性后,单击"报表控件"工具栏的"锁定"按钮 。

　　【例 7.4】　利用标签控件设置报表标题。

　　页标头应该放在页标头带区,换页时打印一次。报表标题是整个报表的名称,利用"报表向导"或"快速报表"可自动添加页标头。下面讨论如何用"报表设计器"设计页标头和报表标题,可以先使用"报表向导"或"快速报表"功能自动添加页标头,然后在"报表设计器"中进行修改,这样可以提高效率。

步骤如下:

(1)打开"报表设计器"窗口,单击"报表"/"默认字体...",在弹出的"字体"对话框中选择字号为"小五号",字形为"粗体",单击"确定"按钮,设置报表中记录的显示字体。

(2)单击"报表"/"快速报表",生成快速报表。

(3)单击"报表"/"标题/总结",在打开的"标题/总结"窗口中选择"标题带区"复选框,在报表设计器窗口中添加标题带区。

(4)在"报表控件"工具栏中单击"标签"按钮 **A**,然后在标题带区中添加报表的标题"学生档案"。

(5)选择标签文本,单击"格式"/"字体",修改字体为"隶书"、"粗体"、"三号"、"下划线"和"黑色",单击"确定"按钮,设置报表中标题的显示字体。显示效果如图 7.35 所示。

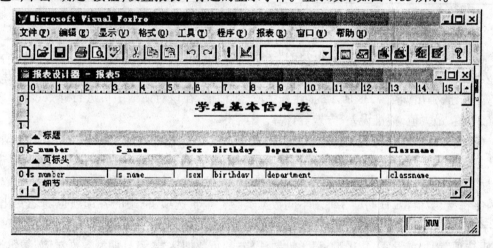

图 7.35　设置标题信息

2.域控件

在报表中添加域控件,可以将内存变量、函数、数据表的字段变量和表达式的计算结果添加在报表中。域控件可在报表设计器的各带区中出现。

(1)控件的添加。将数据表中的字段变量添加到报表中的方法有两种。

方法一:利用"数据环境设计器"窗口添加。在"报表设计器"窗口的空白处单击鼠标右键,在弹出的快捷菜单中单击"数据环境"或者单击"报表设计器"中的"数据环境"按钮,在打开的"数据环境设计器"窗口中添加表或者视图,然后把要在报表中输出的字段直接拖放到报表中的适当位置,这些字段将自动生成对应的域控件。

方法二:利用"报表控件"工具栏中的"域控件"按钮添加域控件。通过在"报表设计器"中添加"数据环境"添加有关的表或视图。然后单击"报表控件"工具栏中的"域控件"按钮,在报表中的某个带区内单击鼠标左键,会弹出如图 7.36 所示的 "报表表达式"对话框。在"报表表达式"对话框的"表达式"标签所对应的文本框中直接输入有关的子段名,或者单击其右侧的"…"按钮,打开如图 7.37 所示的"表达式生成器"对话框。

图 7.36 "报表表达式"对话框   图 7.37 "表达式生成器"对话框

在"表达式生成器"对话框左下角的"字段"列表中双击在报表中显示的字段名,该字段在"报表字段的表达式"中显示。若在报表中添加计算字段,通过单击"报表表达式"对话框中的"计算"按钮,弹出如图 7.38 所示的"计算字段"对话框,在该对话框中可进行计数、总和、平均值、最小值、最大值、标准误差、方差等计算。

(2)控件的布局。将"域控件"添加到报表时,可以根据需要改变"域控件"的数据类型和设定其打印格式。双击报表的某一"域控件",打开如图 7.36 所示"报表表达式"对话框,单击"格式"标签对应的"…"按钮,弹出如图 7.39 所示的"格式"对话框。"域控件"可以选择的数据类型为字符型、数值型、日期型 3 种。不同数据类型,"编辑选项"框中的各选项也随之变化。例如,字符型数据对应的"编辑选项"为大小写方式、输入掩码、对齐方式等;数值型数据对应的"编辑选项"为加前导零、货币型、科学计数法格式、负数加括号等;日期型数据对应"编辑选项"为 SET DATE 格式、英国日期格式。

下面以具体实例说明"域控件"的使用方法。

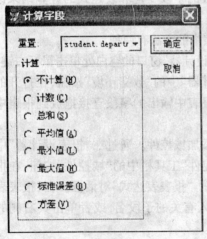

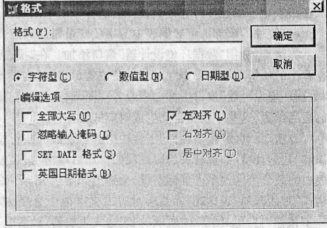

图 7.38 "计算字段"对话框   图 7.39 "格式"对话框

【例 7.5】　利用"域控件"按钮,为报表的"页注脚"带区添加制表日期和页码,效果如图 7.40所示。

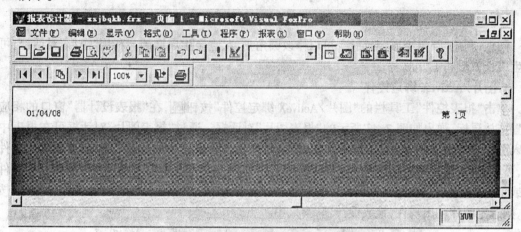

图 7.40　"页注脚"带区效果图

"页注脚"带区是指每个页面结尾处数据的显示区域。

步骤如下:

(1)打开"例 7.4"中的"报表设计器"窗口,删除"页注脚"带区中的所有控件。

(2)单击"报表控件"工具栏中的"域控件"按钮🔳,在"报表设计器"的"页注脚"带区中拖放一个矩形框,此时弹出一个"表达式生成器"对话框,在"表达式"文本框中输入"DTOC(DATE())",单击"确定"按钮。单击"标签"按钮 A,在刚添加的域控件前单击,输入"制表日期:"。

(3)同理可以设计页码域控件,在"表达式"对话框中输入:"第" + STR(_ PAGENO, 2) + "页",此时"报表设计器"窗口如图 7.41 所示。

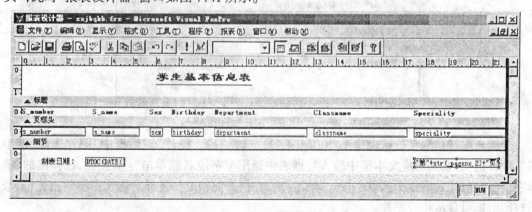

图 7.41　设置页注脚信息

(4)单击"显示"/"预览",可以查看报表。

3.线条、矩形和圆角矩形

单击"报表控件"工具栏中的"线条"、"矩形"或"圆角矩形"按钮,在"报表设计器"窗口适当位置拖放鼠标,可形成相应图形。选定该图形控件,单击"格式"/"绘图笔",可以设置线条的粗细 1~6 磅,线条样式为"点线"、"虚线"、"点划线"或"双点划线"等,线条样式如图 7.42 所示。

点线	虚线	点划线	双点划线

图 7.42　线条样式

同理,利用"圆角矩形"对话框,可以修改圆角角度,直至生成椭圆。利用"矩形"对话框,可以生成长方形和正方形。

4.图片/ActiveX 绑定控件

单击"报表控件"工具栏的"图片/ActiveX 绑定控件"按钮圖,在"报表设计器"窗口的相应位置拖放鼠标,弹出如图 7.43 所示的"报表图片"对话框。通过"报表图片"对话框可在报表中插入图片、声音、文档等 OLE 对象,例如,学生照片等。若报表中的图片存放于某个图片文件中,可以选择"图片来源"框中的"文件"选项,在其对应的文本框中输入图片文件的路径和文件名或单击"…"按钮,在弹出的"打开"对话框中选择".bmp"、".jpg"、".gif"文件,单击"确定"按钮,则选定图片就出现在"报表设计器"窗口中。

图 7.43　"报表图片"对话框

若插入图片是取自数据表中 GENERAL 字段,选择"报表图片"对话框中"图片来源"框中的"字段"选项,在其对应文本框中输入数据表中通用型字段名或单击"…"按钮,在弹出的"选择字段"/"变量"对话框中选取字段。"确定"后,在报表的相应位置显示通用字段的占位符,预览打印时即可显示相应图片。

7.4.6　典型实例

1.表格报表

表格报表是将报表以表格样式显示,这是在实际应用中经常用到的报表格式。

【例 7.6】　在"例 7.1"学生基本情况表的基础上,添加表格线和图片控件,生成报表效果如图 7.44 所示。

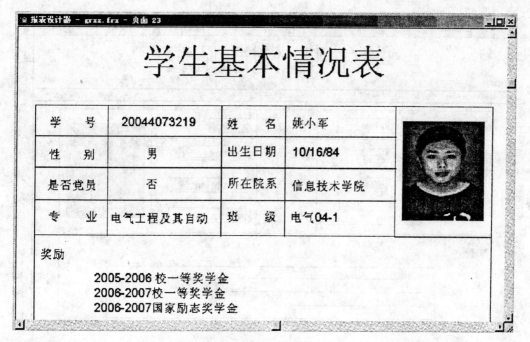

图 7.44 表格报表

步骤如下：

(1)单击"文件"/"打开"，弹出"打开"对话框中选择要打开"例 7.1"保存的报表文件，单击"确定"按钮或者在"命令窗口"中输入：MODIFY REPORT(文件名)，打开相应报表如图 7.45 所示。

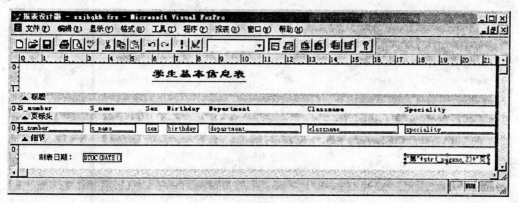

图 7.45 制作前的报表框架

(2)单击"报表控件"工具栏上的"线条"按钮，在"细节"带区内画分割各域字段的表格线。线条的粗细通过单击"格式"/"绘画笔"，设置粗细为"2 磅"、样式为"实线"。在"报表设计器"窗口中的报表框架如图 7.46 所示。

(3)单击"打印预览"，查看报表效果，并单击"文件"/"另存为"，将文件保存。

2.分组报表

分组报表是将报表中的数据按某个关键字段进行分类输出。为了实现分组功能，报表的数据源按照分组关键字段进行排序或者在该关键字段上建立主控索引。

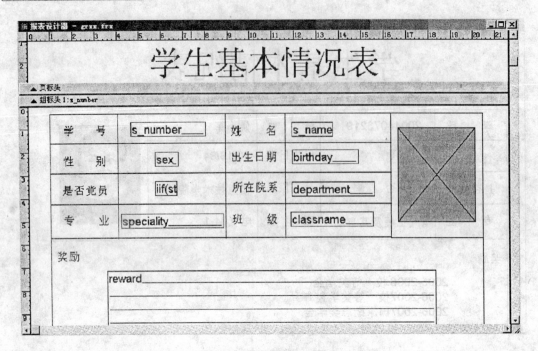

图 7.46　制作完成的报表框架

【例 7.7】　将"例 7.1"中学生基本信息表数据按"专业"进行分组报表输出,其效果如图7.47所示。

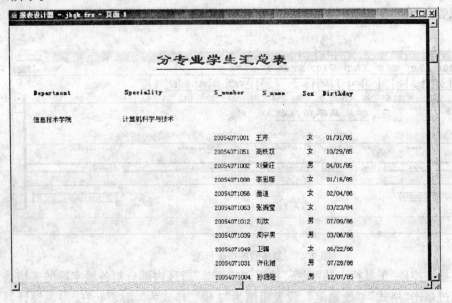

图 7.47　分专业学生汇总表

步骤如下:

(1)打开数据表,在表设计器中为"专业"设置主控索引,索引表示名为"ZY"。

(2)利用菜单方式或命令方式打开"报表设计器"窗口,单击"报表"/"数据分组"或者单击"报表设计器"工具栏上的"数据分组"按钮,弹出"数据分组"对话框,如图 7.48 所示。单击第一个分组表达式的"…"按钮,在弹出的"表达式生成器"对话框中的"字段"框中双击字段"(字段名)",使该字段出现在"表达式生成器"对话框中"按表达式分组记录＜expr＞:"框中,单击"确定"按钮,返回"数据分组"对话框。

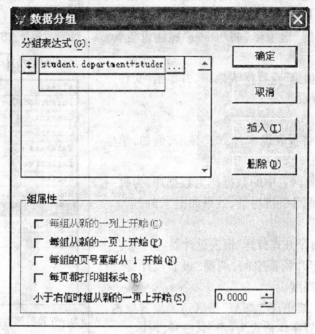

图 7.48 "数据分组"对话框

(3)在"数据分组"对话框中的"组属性"框中,可以进行"组标头"和"组注脚"带区的设置。

(4)设置报表标题:分专业学生汇总表。

(5)调整各个带区高度使各带区有适当的空间显示,将"专业"域控件从"细节"带区拖动到"组表头"带区,调整"页标头"带区"专业"标签的位置,为了美观,利用"线条"按钮,在"页标头"带区标签上下各添加一条直线,如图 7.49 所示。

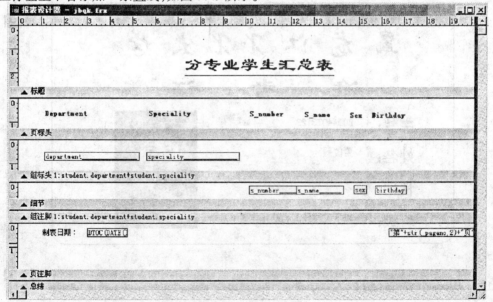

图 7.49 分组报表设计器

(6)指定数据源的主控索引。打开"数据环境"窗口,右键点击空白位置,在弹出的快捷菜单中单击"属性"菜单项,打开"属性"对话框,对象框中显示的是"Cursor1",单击"数据"选项卡,将"Order"属性设置为:"ZY",如图 7.50 所示。

(7)单击"打印预览"查看报表效果,并单击"文件"/"另存为",将文件保存。

3.卡片式报表

卡片式报表是将报表以卡片方式显示,例如,学生的准考证等。

【例 7.8】 以数据表中的数据作为数据源,为每一个学生打印一张带照片的准考证,效果如图 7.51 所示。

步骤如下:

(1)用菜单或命令方式打开"报表设计器"窗口。

(2)根据设计卡片所需空间,调整"报表设计器"窗口的"细节"带区的高度。

(3)单击"标签"按钮,在"细节"带区适当位置单击,输入:准考证,并设置字体格式为:隶书、三号、粗体。

(4)打开"数据环境"窗口,添加数据表 student,将卡片需要的字段拖到"细节"带区中的适当位置。

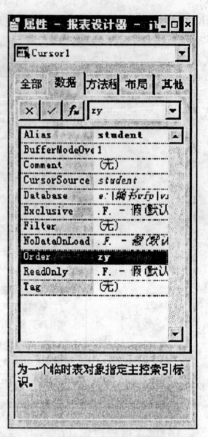

图 7.50 分组报表设计器的"属性"对话框

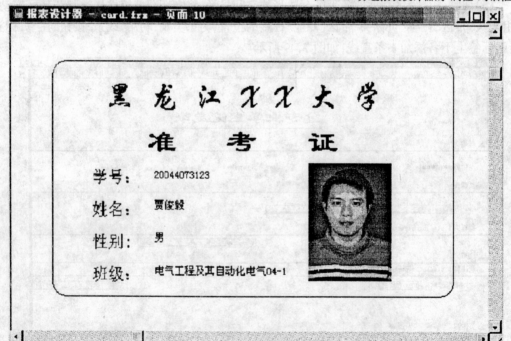

图 7.51 学生准考证

(5)在各个字段域控件的左侧添加相应的"标签"控件,作为对域控件字段的简单说明。

(6)单击"报表控件"工具栏的"圆角矩形"按钮,在"细节"带区控件的边缘画出边框线,如图 7.52 所示。

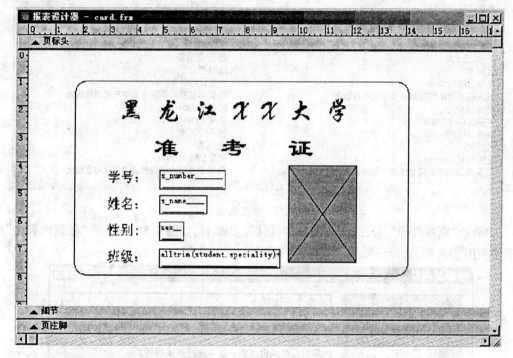

图 7.52 卡片报表设计器

(7)单击"打印预览"查看报表效果,并单击"文件"/"另存为",将文件保存。

7.5 创建标签布局

报表以表为单位,按一定格式生成一个报表;标签以表中的记录为单位,一条记录生成一个标签,因此可以被看成是特殊的报表。

Visual FoxPro 6.0 提供了下面两种可视化的方法来创建标签:

(1)利用"标签向导"创建标签。

(2)利用"标签设计器"创建标签。

7.5.1 "标签向导"创建标签

利用"标签向导"是创建标签的最简单方法。启动"标签向导"的具体方法如下:

(1)单击"文件"/"新建"项,在弹出的"新建"对话框中选择"标签"项,单击"向导"图形按钮。

(2)单击"工具"/"向导"/"标签"。

(3)在"项目管理器"中选择"标签"项,单击"新建"按钮,选择"标签向导"图形按钮。

【例 7.9】 利用"标签向导"创建学生标签,效果如图 7.53 所示。

步骤如下:

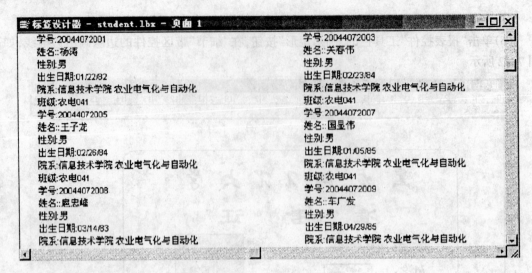

图 7.53 学生标签

(1)启动"标签向导",弹出"标签向导"对话框(步骤 1),如图 7.54 所示,在"数据库和表"列表框中利用 ![]按钮,选择所需要的表"STUDENT"。

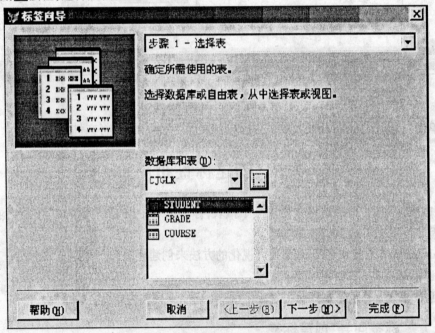

图 7.54 步骤 1–选择表

(2)单击"下一步"按钮,打开"标签向导"对话框(步骤 2),如图 7.55 所示,用户可利用"新建标签…"按钮,进行标签的自定义,这里采用默认方式。

(3)单击"下一步"按钮,弹出"标签向导"对话框(步骤 3),如图 7.56 所示,在对话框的"文本"输入框中输入标签信息"学号",单击 ![]按钮将其添加到"选定的字段"列表中,单击 ![]按钮,选择"可用字段"列表框中的"S_number"字段,单击 ![]按钮添加到"选定的字段"列表中,然后单击 ![]按钮回车完成当前标签的设计,同理完成其他标签设计。

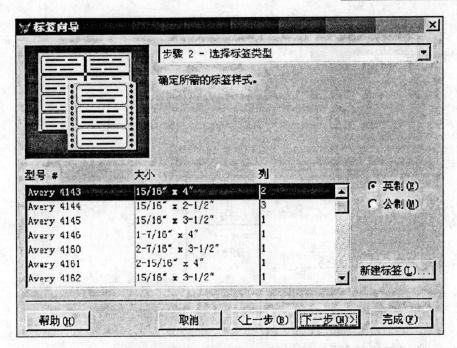

图 7.55　步骤 2 – 选择标签类型

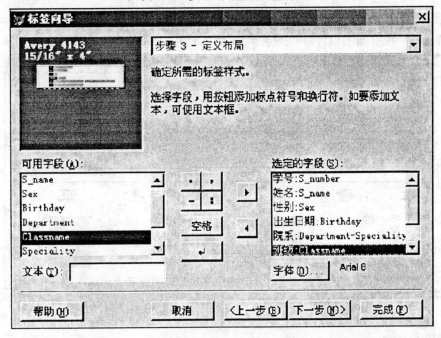

图 7.56　步骤 3 – 定义布局

　　(4)单击"下一步"按钮,弹出"标签向导"对话框(步骤4),如图 7.57 所示,在对话框中选择相应的排序字段,如"S_number"及排序方式,如按学号升序排列,单击"下一步"和"完成"按钮,弹出"另存为"对话框,保存文件。

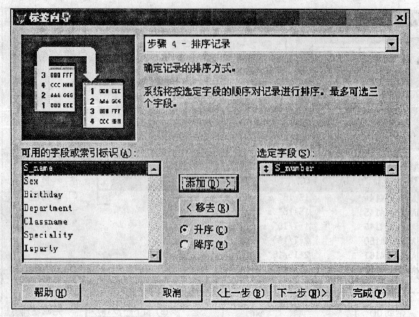

图 7.57　步骤 4 – 排序记录

7.5.2　"标签设计器"创建标签

标签设计器是报表设计器的一部分,它们使用相同的菜单和工具栏。

【例 7.10】　利用"标签设计器"创建样式如"例 7.8"所示的学生准考证,效果如图 7.58 所示。

图 7.58　学生准考证

步骤如下:

(1)在"项目管理器"中选择标签项,单击"新建"按钮,选择"新建标签"图形按钮,打开如图 7.59 所示的"标签设计器"对话框。

(2)打开"数据环境"对话框,添加表"student.dbf"。

(3)单击"报表"/"快速报表",选择字段布局方式和所需要的字段,如"s_number"、"s_name"、"sex"、"department"和"classname",并勾选"标题"复选框,单击"确定"按钮,此时生成快速标签,如图 7.60 所示。

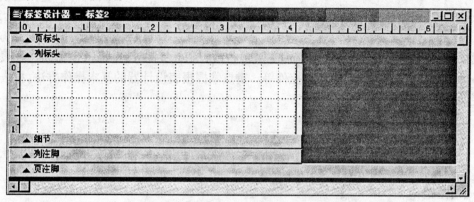

图 7.59 "标签设计器"对话框

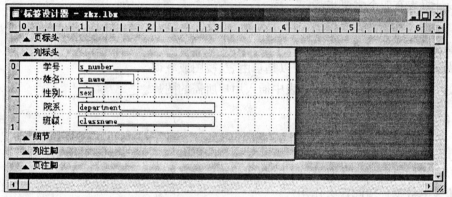

图 7.60 快速标签

(4)在"数据环境"对话框中,将"photo"字段拖到标签相应位置。

(5)将标签中的控件重新布局、调整,设置字体、字号、颜色,并绘制一个圆角矩形边框,如图 7.61 所示。

(6)保存该标签。

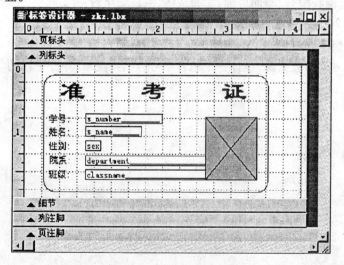

图 7.61 准考证标签设计器

小　结

通过本章的学习,让读者掌握 Visual FoxPro 中报表和标签的设计方法,包括创建报表和标签的各种方法、向报表和标签中添加控件等。重点掌握报表设计器的基本操作方法,报表控件工具栏的操作方法。

习　题

一、填空题

1.设计报表有四个主要步骤:＿＿＿＿、＿＿＿＿、＿＿＿＿及＿＿＿＿。

2.创建报表有三种方法:＿＿＿＿、＿＿＿＿及＿＿＿＿。

3.报表由＿＿＿＿和＿＿＿＿两个部分组成。

4.数据源通常是＿＿＿＿,也可以是自由表、视图或查询。

5.使用＿＿＿＿控件可以在报表中插入用户所需的图片。

二、简答题

1.什么是报表布局? 报表布局有哪几种类型? 各有什么特点?

2.报表设计器中的带区有几种? 它们的作用是什么?

3.报表的数据环境起什么作用?

三、设计题

1.利用"快速报表"功能,为"Student.dbf"设计一个包括学号、姓名、院系、专业字段的报表。

2.以"Grade.dbf"为数据源设计报表,要求:

(1)包含学号、课程编号、卷面成绩、实验成绩、总成绩字段;

(2)报表标题为:成绩单;

(3)按学号分组统计每名学生的成绩汇总和平均成绩。

3.以"Student.dbf"为数据源,设计一个包含学号、姓名、院系、专业字段的学生标签。

第 8 章　数据库应用系统开发

本章重点：数据库应用系统的开发流程、项目连编及系统发布。

本章难点：系统发布。

数据库应用系统的开发是一个复杂的系统工程，它涉及组织的内部结构、管理模式、经营管理过程、数据的收集与处理、软件系统的开发、计算机系统的管理与应用等多个方面。因此，数据库应用系统的开发应在软件开发理论和方法的指导下进行，否则很难成功。

本章将简单介绍开发数据库应用系统的方法和过程，介绍如何把设计好的数据库、表单、报表、菜单等分离的应用系统组件在项目管理器中连编成一个完整的应用程序。

8.1　数据库应用系统开发过程

数据库应用系统的开发过程一般包括需求分析、系统设计、系统实施、系统运行和维护 4 个阶段。第一阶段与最后一个阶段首尾相连，形成系统开发的周期循环过程。

8.1.1　需求分析阶段

需求分析是数据库设计及系统设计的起点，需求分析的结果是否准确地反映了用户的实际要求，将直接影响到后面各个阶段的工作，并影响到所开发的系统的合理性和实用性。经验表明，由于设计要求的不正确或误解，直到系统实施阶段才发现许多错误，则纠正起来要付出很大代价。因此，必须高度重视系统的需求分析。

需求分析阶段的主要任务有以下几项：

(1)确认用户需求，确定系统设计范围。

(2)收集和分析数据对象。

(3)撰写需求说明书。

8.1.2　系统设计阶段

当目标系统逻辑方案审查通过后，就可以开始系统设计了。系统设计阶段实际上是根据目标系统的逻辑模型确定目标系统的物理模型，即解决目标系统"怎样做"的问题。其主要工作包括：

(1)总体设计。根据系统分析阶段获得的功能分析结果，完成应用系统的模块结构设计，即正确划分模块和确定各功能模块的调用关系和接口信息。

(2)详细设计。为各个模块选择适当的技术和处理方法，包括输入、输出和代码等进行设计。

输入设计主要包括用户界面设计、输入操作设计、输入校验设计等。既要确保用户界面美观大方，又要使用户在系统所提供的界面上能方便、灵活地进行输入操作，当用户输入有误时，能及时发现错误并修改错误。

输出设计主要包括输出格式、输出内容和输出方式等的设计。事实上，系统开发的成败、系统最终是否被实际使用、用户是否真正满意，很大程度上取决于输入/输出设计的优与劣。

(3)数据库设计。应该根据系统分析阶段形成的有关文档，并参考计算机数据库技术发展的现状，采用计算机数据库的成熟技术，设计并描述出本应用系统的数据库结构及其内容组成。在进行数据库设计时，应遵循数据库的规范化设计原则。

(4)撰写系统设计报告。系统设计报告是实施系统设计的指导性文件，其主要内容包括系统总体技术方案、系统主要模块的技术手段，代码设计、输入设计和输出设计及数据库设计的结果。

8.1.3　系统实现阶段

在系统分析和系统设计完成之后，系统开发即进入实现阶段，系统实现阶段的主要任务是进行系统编码与调试。具体内容包括：

(1)选择应用系统开发工具。根据系统分析与设计的结果及信息处理的要求选择合适的软件开发工具。

(2)实现应用系统。使用所选择的开发工具，在计算机上建立数据库、建立数据关联、设计数据库应用系统中的各功能模块，分别实现各个模块的功能。

(3)系统的调试与测试。一个系统的各项功能实现后，还不能说整个系统开发完成，还要经过周密、细致的调试与测试，这样才能保证开发出的系统在实际使用时不出现问题。因此，应该在这一阶段对系统进行调试和测试。

除此之外，还要撰写系统详细设计报告及系统使用手册等相关材料。

8.1.4　系统运行和维护阶段

这个阶段是整个系统开发生命周期中最长的一个阶段，主要工作是对系统运行中出现的问题进行修改、维护或者是局部调整，以保证系统的正常运行。

8.2　项目的连编

创建应用程序的最后一步就是"连编"，此过程的目的是将所有在项目中引用的文件合成为一个应用程序，得到一个可执行文件，这样可将该应用程序和数据文件一起发布给用户，用户可在自己的机器上安装并运行该应用程序。

8.2.1　设置主文件

每个 Visual FoxPro 应用程序都由大量的功能组件组成，要将各个组件连接在一起，形成可执行的应用程序，还需要为应用程序设置一个起点，即项目的主文件。当用户运行应用程序时，系统首选启动项目的主文件，然后由主文件再调用所需要的其他组件。

　　设置为主文件的可以是程序、表单或菜单文件。设置方法很简单,只需在项目管理器中,选中要设置为主文件的文件,从"项目"菜单或快捷菜单(右键单击选中文件)中选择"设置主文件"选项即可,如图 8.1 所示。

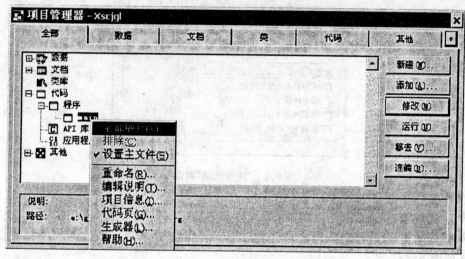

图 8.1　设置项目主文件

　　一般地,在项目中建立一个程序作为主文件,称为主程序,因为在主程序中还可以进行系统运行所必需的一些配置,如在本教材中的案例项目"学生成绩管理系统"中就设置了 main. prg 文件为项目主文件,如图 8.1 所示。下面就是本项目的 main. prg 文件内容。

```
close all
release window 常用,表单控件                    && 关闭 Standard 工具栏
modify window screen title "欢迎使用学生成绩管理软件"
&& _ SCREEN. picture = "901537. jpg"            && 设置背景颜色
_ SCREEN. backcolor = rgb(80,180,150)           && 窗口背景颜色
zoom window screen max                          && 主窗口最大化
_ SCREEN. controlbox = .f.                      && 去掉主窗口中的控制按钮
deactivate window "项目管理器"                   && 关闭项目管理器
mypath = left(sys(16),rat("\",sys(16)))         && 确定程序所在位置
set defa to(mypath)                             && 设置当前路径
set path to data;form                           && 指明路径
open database cjglk                             && 打开数据库
do Mainmenu. mpr
read events
```

　　【注意】在该程序中的最后一行的"read events",该行的作用是开始事件处理,即等待用户进行操作,如果省略此命令,则系统运行时会出现"一闪而过"的现象。与此命令对应的命令是"Clear Events",该命令的作用是停止事件处理,一般在退出系统的功能中使用。

8.2.2　项目连编

　　当程序全部设计完成后,就可以对项目进行连编了,方法如下:

　　(1)打开欲连编的项目。

(2)在项目管理器中,单击"连编(D)…"按钮,出现如图 8.2 所示"连编选项"对话框。

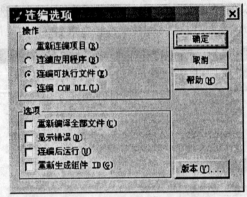

图 8.2 "连编选项"对话框

在此对话框中,各"操作"的含义如下:

◆ 重新连编项目:重新连接编译项目管理器中的所有文件,生成".pjx"和".pjt"文件。

◆ 连编应用程序:连接编译项目并生成".app"应用程序,".app"应用程序只能在 Visual FoxPro 环境下运行。

◆ 连编可执行文件:连接编译项目并生成一个".exe"可执行文件,发布后方可独立于 Visual FoxPro 环境运行。

◆ 连编 COM DLL:使用项目文件中的类信息,创建一个".DLL"动态链接库。

在"选项"域中,如果"重新编译全部文件"项没有选中,则在重新编译时,将仅重新编译上次编译后已修改过的文件,若想对所有文件重新编译,则必须选中此项。

(3)在"连编选项"对话框的"操作"域及"选项"中选中相应的项后,单击"确定"按钮,会弹出"另存为"对话框,设置相应的连编后的文件所保存的位置及文件名,如图 8.3 所示。

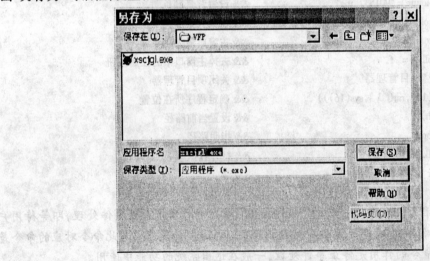

图 8.3 "另存为"对话框

设置好相应的内容后,单击"保存"按钮系统即可进行连编。连编结束后,应用程序就可以运行了。

8.3 系统发布

创建了一个完整的 Visual FoxPro 应用程序,并连编产生了".exe"文件,但这个".exe"文件是不能直接在另一台电脑上运行的,除非该电脑中已经装有 Visual FoxPro 系统,因为".exe"文件的运行要依赖于安装在 Windows 系统中的运行库。因此利用 Visual FoxPro 开发的软件系统必须先进行发布,即制作安装盘,并将其安装到其他机器上才能运行。Visual FoxPro 的系统发布很简单,下面以本教材使用的"学生成绩管理系统"为例来讲解制作安装盘的步骤。

(1)在任意位置创建一个目录,以保存发布该系统所需要的文件。本例中在 E:\ 下创建一个名为"XSCJGLXT"的目录。

(2)将该系统所要用到的数据库(.dbc)、数据库备注(.dct)、数据库索引(.dcx)、表(.dbf)、表索引(.cdx、.idx)、表备注(.fpt)、内存变量文件(.mem)等,再就是编译后的 exe 文件复制到上面所建的目录中。

【注意】.prg 文件、菜单文件、表单文件、报表文件、标签文件等不要复制进去,因为它们已经被编译在.exe 文件中了。

(3)启动 Visual FoxPro 系统,如果 Visual FoxPro 系统已经启动,最好关闭所有打开的文件。

(4)选择菜单栏的"工具"/"向导"/"安装"项,以启动 Visual FoxPro 的安装向导,进入步骤1 - 定位文件,如图 8.4 所示。

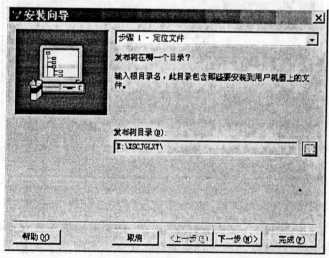

图 8.4 步骤1 - 定位文件

单击"发布树目录"右侧的按钮,选定在步骤 1 中创建的包含所有要安装到用户计算机上的文件的目录。

(5)单击"下一步"按钮,进入步骤 2 - 指定组件,如图 8.5 所示。在应用程序组件中根据系统使用组件的情况选择相应组件,但 Visual FoxPro 运行库必选。

(6)单击"下一步"按钮,进入步骤 3 - 磁盘映象,如图 8.6 所示。

单击"磁盘映象目录"右侧的按钮,选择生成的安装文件存放的目录,本例中仍选定安装目录为步骤 1 创建的目录。当然,在生成安装文件之前,系统会在该目录下再创建一个子目录,将安装文件存储在该子目录中。

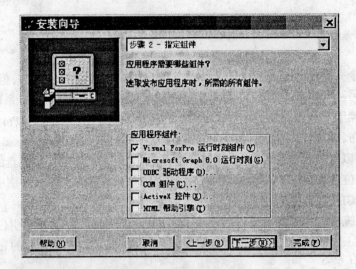

图 8.5　步骤 2 – 指定组件

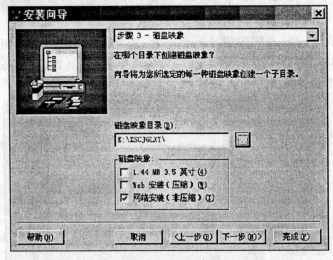

图 8.6　步骤 3 – 磁盘映象

　　在"磁盘映象"框中选择安装方式,在此例中选择"网络安装(非压缩)"。

　　(7)单击"下一步"按钮,进入步骤 4 – 安装选项,如图 8.7 所示。在"安装对话框标题"和"版权信息"中输入适当内容,这两项内容主要是在安装软件时显示的信息。"执行程序"中不要输入内容,它不是指软件所要执行的程序。

　　(8)单击"下一步"按钮,进入步骤 5 – 默认目标目录,如图 8.8 所示。

　　默认目标目录是指在用户机器上安装系统时创建的默认目录,可通过"默认目标目录"框中输入目录名称或右侧按钮选择进行设置。

　　"程序组"是指在用户计算机上的"开始菜单"中"所有程序"组显示的项。

　　"用户可以修改"是指用户安装时是仅可以更改安装目录,还是安装目录与程序组都可以更改,一般设为都可更改。

　　本例设置如图 8.8 所示。

　　(9)单击"下一步"按钮,进入步骤 6 – 改变文件位置,如图 8.9 所示。

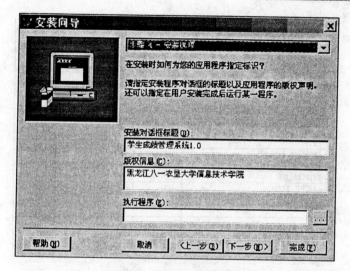

图 8.7 步骤 4 – 安装选项

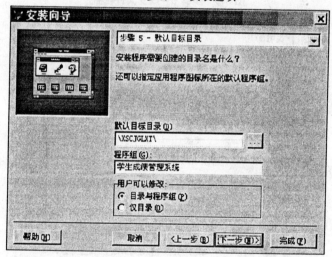

图 8.8 步骤 5 – 默认目标目录

在此对话框中,找到系统的可执行文件(本例中为"xscjgl.exe"),并单击"程序管理器项"列中的方框,将弹出"程序组菜单项",如图 8.10 所示。

在"说明"框中输入在步骤 8 中创建的程序组中显示的启动项的内容,在"命令行"中输入启动文件的名称(.exe 文件),当确定时,系统会提示"如果命令行依赖于用户所选定的安装目录,那么应使用宏%S",也就是说如果欲使系统安装在任意目录都能正确运行,则应可执行文件前面加入"%S\"。本例中设置如图 8.10 所示。

(10)在图 8.9 中单击"下一步"按钮,进入步骤 7 – 完成,如图 8.11 所示。

单击"完成"按钮,即可完成安装盘的制作,将安装文件复制到用户计算机上运行 setup.exe 安装就可运行软件了。本例中系统在 E:\xscjglxt 目录下自动创建了一个 netsetup 子目录,本系统所有的安装文件都存储在该目录下。

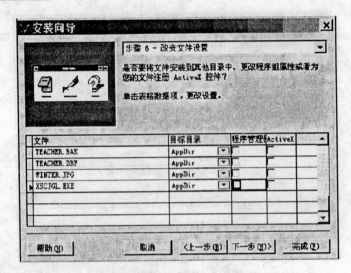

图 8.9　步骤 6 - 改变文件位置

程序组菜单项

图 8.10　程序组菜单项

图 8.11　步骤 7 - 完成

小　　结

本章首先简要介绍了数据库应用系统开发过程，并强调了数据库设计的重要性，如果数据库设计及系统设计设计得不好，将直接影响到后面各个阶段的工作。接着讲述了系统发布的过程，即如何制作安装盘，这样可以直接在用户机上进行软件安装并运行。

习　题

1.将本教材提供的"学生成绩管理系统"进行连编及系统发布。

2.按照数据库应用系统的开发流程，开发一个"班级通讯录系统"，并完成最后系统发布工作。

参 考 文 献

[1] 萨师煊,王珊.数据库系统概论[M].北京:高等教育出版社,2006.

[2] 张海藩.软件工程导论[M].5 版.北京:清华大学出版社,2008.

[3] 史济民,汤观全.Visual FoxPro 及其应用系统开发[M].2 版.北京:清华大学出版社,2007.

[4] 王浩.Visual FoxPro 6.0 类和对象参考手册[M].上海:上海科学技术出版社,1998.

[5] 王浩.Visual FoxPro 6.0 命令参考手册[M].上海:上海科学技术出版社,1998.

[6] 姚昌顺,李海,陈静.全国计算机等级考试实用应试教程:二级 Visual FoxPro 程序设计[M].
北京:电子工业出版社,2007.

[7] 沈大林.Visual FoxPro 程序设计案例教程[M].北京:中国铁道出版社,2004.

[8] 王晶莹,王国辉.Visual FoxPro 数据库开发实例解析[M].北京:机械工业出版社,2004.

[9] 王毓珠.Visual FoxPro 程序设计教程[M].北京:人民邮电出版社,2005.

[10] 沈蒙波,苏术锋.Visual FoxPro 程序设计[M].北京:中国计划出版社,2007.